少儿趣味数学故事系列

千伶百俐 狐小妹

冒牌校长

俞月林◎著

张俞雯◎图

AP TIME
时代出版
时代出版传媒股份有限公司
安徽少年儿童出版社

图书在版编目(CIP)数据

千伶百俐狐小妹·冒牌校长 / 俞月林著；张俞雯图. —合肥 :安徽少年儿童出版社, 2014.7(2019.1重印)

(少儿趣味数学故事系列)

ISBN 978-7-5397-7203-5

Ⅰ.①千… Ⅱ.①俞… ②张… Ⅲ.①数学 – 少儿读物 Ⅳ.①O1-49

中国版本图书馆 CIP 数据核字(2014)第 058497 号

SHAO'ER QUWEI SHUXUE GUSHI XILIE QIANLING BAILI HUXIAOMEI MAOPAI XIAOZHANG

少儿趣味数学故事系列·千伶百俐狐小妹·冒牌校长

俞月林　著
张俞雯　图

出　版　人:张克文　　　　　　　　　责任编辑:李　华
责任印制:田　航　　　　　　　　　　责任校对:冯劲松
出版发行:时代出版传媒股份有限公司　http://www.press-mart.com
安徽少年儿童出版社　E-mail:ahse1984@163.com
新浪官方微博:http://weibo.com/ahsecbs
腾讯官方微博:http://t.qq.com/anhuishaonianer(QQ:2202426653)
(安徽省合肥市翡翠路 1118 号出版传媒广场　邮政编码:230071)
市场营销部电话:(0551)63533521(办公室)　63533531(传真)
(如发现印装质量问题,影响阅读,请与本社市场营销部联系调换)

印　　制:阳谷毕升印务有限公司
开　　本:880mm × 1230mm　　1/32　　印张:8.5　　字数:170 千字
版　　次:2014 年 7 月第 1 版　　　　　　2019 年 1 月第 2 次印刷

ISBN 978-7-5397-7203-5　　　　　　　　　　　定价:39.80 元

主要出场人物介绍

狐小妹（第一主角,贯穿全文）

小学生,在老师和家长的眼里她是一只乖乖狐,在同伴的眼里却是个捣蛋王。龟慢慢、猪大头等许多同学都受过她的提弄。尽管这样,大家却还是非常喜欢她,因为她不但聪明伶俐,而且疾恶如仇。她经常巧妙地运用数学知识帮助弱小的动物,令一贯作威作福的猛兽们都吃足了苦头。

狐小妹的同学。号称"吹牛天下第一,做狗最讲义气"。为朋友甘愿赴汤蹈火,两肋插刀。尽管他自己数学也很烂,却老爱嘲笑别人,还专爱给人起外号。为这,老师不知批评过他多少回了,可他总是"虚心接受,坚决不改"!

狗大宝（主角,贯穿全文）

狐小妹的同学。虽在家里是一群兄弟姐妹中的老大,可胆子特别小,一有风吹草动便会吓得浑身发抖。不过,为了替最好的朋友——狐小妹洗清不白之冤,她竟然动起了"劫狱"的念头,这还真让人吃惊呢!

兔宝贝（主角,贯穿全文）

猪小呆（配角，贯穿全文）

　　狐小妹的同学。有点呆头呆脑，却也呆得可爱，至少猪妈妈是这么认为的。他本名叫猪小聪，但自从被狗大宝起了个"猪小呆"的雅号后，本名反倒没人叫了。"水星上到底有没有水呢？"这是个令他非常困惑的问题。

　　狐小妹的同学。虽然平时不显山不露水，关键时刻却异常机智勇敢。她曾经孤身一人在超市里抓住了三只正在行窃的老鼠，还用"骄兵之计"让赤花蛇妖吃足了苦头。

花小猫（配角，贯穿全文）

　　狐小妹的同学。绰号"小广播"，喜欢散布小道消息。她骄傲、自私，看不起比自己成绩差的同学，却又妒忌比自己成绩好的同学。

小白鹅（配角，贯穿全文）

　　狐小妹的数学老师、班主任。她教学认真，但有些呆板，还有点自以为是。她贪财、虚荣、缺少担当。好在关键时刻，她还能站稳立场。

斑马老师（配角，贯穿全文）

狐小妹的同学。仗着有两个高年级的哥哥撑腰，经常欺负弱小的动物。爱耍小聪明，喜欢跟狐小妹较劲。其实他的本性并不算坏，可惜，他有一个邪恶的母亲。在狼妈妈的教唆下，他和两个哥哥一起干下了几桩罪恶的勾当，最后死于非命。

小白狼(反面主角，《冒牌校长》出场)

小白狼的妈妈。凶狠狡诈，为达目的常不择手段，死在她那尖牙利爪下的动物不知有多少。她还通过威逼利诱，迫使黄鼠狼老大王和老鼠女王加入她的阵营，妄图一举捣毁警察局。不过恶有恶报，最后，她暗算狐小妹不成，反而使自己和小白狼一起掉下了悬崖，结束了罪恶的一生。

大白狼(反面主角，《冒牌校长》出场)

盗窃集团老板。力大无穷，恶名远扬，聚集一帮亡命之徒为非作歹。不仅指使手下偷盗了大批国宝，还处心积虑地要活捉狐小妹，甚至派出眼镜蛇企图暗杀白鹅警官。有道是多行不义必自毙，最后竟然被自己的"兄弟"出卖，死于非命。

黑熊怪(反面配角，《蒙面怪兽》出场)

狼老三（反面主角，《蒙面怪兽》出场）

狐小妹的主要敌人。他是令动物们谈之色变的恶狼三兄弟之一，在一次打劫时中了狐小妹的圈套，被警察逮了个正着。后来在越狱时，两个哥哥被警察当场击毙，他乘乱逃了出来。从那天开始，他就发誓：一定要找狐小妹讨还血债。

老猴子（反面配角，《蒙面怪兽》出场）

盗窃集团军师。他是一只奇怪的猴子，居然把客栈开到了人迹罕至的死亡谷旁，生意少点倒也没什么，可是那种地方……唉，怎么说呢，反正老辈的动物们总是反复地告诫年幼的动物：那个地方千万去不得！

虎大妹的手下。有点小聪明，爱搞小发明。在跟狐小妹的较量中，虽屡败屡战，但他始终不认输，最后终于把狐小妹引入了自己精心设置的"陷阱"中。

大灰狼（反面主角，《圣塔除魔》出场）

虎大妹的手下。笨头笨脑，十分胆小，但也极为残忍。他曾经在饿极时，竟然把自己的妈妈吃了，由此落下了"白眼狼"这个恶名，连大灰狼都因此而讨厌他。

白眼狼（反面配角，《圣塔除魔》出场）

担任圣塔总护法师兼第七层护卫。她对母亲临死前把王位传给同胞姐姐，却让自己来接替姨妈的圣塔总护卫之职的安排极度不满，因此便处心积虑地想让魔王复活，以此来达到她称霸森林国的野心。

虎大妹(反面配角,《圣塔除魔》出场)

圣塔(也称七层宝塔)第一层护卫。爱美多情,性格直爽,有正义感。与狐小妹虽然只是一面之缘,却肯舍身相助。

花精(配角,《圣塔除魔》出场)

圣塔第二层护卫。重情重义,对花精十分痴情,甘愿为她付出一切,最后终于赢得了美人的芳心。

树精(配角,《圣塔除魔》出场)

圣塔第五层护卫。不仅本身的暗杀术和绞杀术十分了得,而且还有威力无比的乾坤袋相助,是个极为难缠的厉害角色。

赤花蛇妖(配角,《圣塔除魔》出场)

三大神兽介绍

虎大王

  森林国国王,她的"无极虎绵掌"在兵器谱里威力排名第一。她拥有神秘莫测的力量,连战力十分恐怖的铁爪虎和奔雷牛都被她收服,成为她的两大主力猛虎军团和蛮牛军团的军团长。

金角犀牛

  全球动物犯罪联盟总盟主。他的大金角在兵器谱里威力排名第二。死在大金角下的猛兽不计其数。曾经和号称天下第二的百变狮王恶斗七天七夜,最后使其力竭而亡。

蒙面怪兽

  盗窃集团执行堂堂主。取代黑熊怪成为集团老板,他的神枪和铁嘴在兵器谱里威力排名第三。在一次生死决斗中,他独战十几名顶尖高手,只用了一分多钟就取得了完胜。

目录

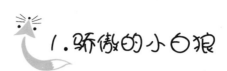

1.骄傲的小白狼

小白狼学会了写数字,非常得意,他跑去问小猪:"猪小聪,你会写数字吗?"

猪小聪摇了摇头:"我不会。"

"你真笨,连数字也不会写。"

他跑去问小狗:"狗大宝,你会写数字吗?"

狗大宝也摇了摇头:"我不会。"

"你真笨,怎么连数字也不会写!"

他又跑到了小兔子的面前:"兔宝贝,你会写数字吗?"

兔宝贝也摇了摇头:"我不会。"

"哈哈,你们真是太笨了,连数字也不会写。"

他兴高采烈地往回走,路上碰到了小狐狸,便又炫耀起来:"狐小妹,你也不会写数字吧?可是我会,这儿的小动物中就只有我会写数字。"

狐小妹听了不以为然:"这有啥稀奇?我也会写数字。"

"啥,你也会写?"小白狼有点不相信,"那你写给我看!"

狐小妹转了转眼珠:"小白狼,你该不会是自己不会写,想来偷学我的吧?"

小白狼听了很生气:"谁说我不会写,我这就写给你看!"

狐小妹摇了摇手:"既然你也会写数字,那我俩来比试一下,各把十个数字写五遍,看谁写得快!"

"好，比就比，谁怕谁呀！"

小白狼和狐小妹各自拿出铅笔和本子，一二三，同时写起来。

"沙沙沙，沙沙沙……"小白狼刚写到第四遍，狐小妹就大声喊："我写完了！"

"你怎么写得这么快？"小白狼把狐小妹的本子拿过来看了又看，只见上面的数字排得整整齐齐，数一数，正好有五遍。

"你为什么写得比我快？有什么秘诀呀？"

"秘诀嘛，我没有，不过忠告倒是有一个。"

"是啥忠告呀？"

"写数字不仅要多练习，而且一开始就要学规范。"

"难道我写得不规范吗？"小白狼有点不服气。

狐小妹指着小白狼的本子："我看到你写的8，不是一笔写出来，而是上面先画个0，下面再画个0，把两个0叠起来就算是8了，这样写怎么可能写得快呢？"

小白狼听了，非但不感激，反而气咻咻："我就爱这样写，你管得着吗？等着瞧好了，总有一天我会写得比你快！"

说完，便头也不回地走了。

数学小博士

我们学写数字，一定要学会规范地书写，从哪里起笔，在哪里拐弯，在哪里收笔，一定要按照顺序来。开始可以按照描红本多练习，这样，要不了多久，你也会写得既快又好。

学写 1、2、3、4、5、6、7、8、9、0，至少写五遍，要相信自己，一定行！

我来试一试

冒牌校长

2.小鸡有几只

小白狼自从写数字败给狐小妹后，一直耿耿于怀。这一天，他独自到山坡上去玩耍，正巧遇到了狐小妹，便向她发出了挑战："狐小妹，你敢不敢和我再比一次？"

狐小妹见是小白狼，不屑地说："怎么，你还想比写数字呀？"

"写数字算什么？这次咱们来比数数，看谁数得既快又准。"

"好，你说吧，咱们数什么？"

小白狼往前面的池塘一指："就数那个池塘里有多少只鸭子吧！"

狐小妹点点头表示同意。小白狼生怕狐小妹又赢他，"开始"还没喊就抢先数了起来："1、2、3、4……"刚数到第四只，鸭子一游动，小白狼就数忘掉了，他只好重新数，"1、2、3……""4"还没出口，鸭子一游动，小白狼又数乱掉了。

正当他准备第三次重数时，狐小妹突然喊："我数好了，一共有15只鸭子。"

小白狼吓了一跳："什么，你这么快就数出来啦？"

"谁像你这么一只一只地数，真是既麻烦又容易出错。"

"那要怎么数？"

"一只一数，得数十五次，三只一数，只要数五次，五只一数，只要数三次，因为刚才我是五只一数的，所以比你快！"

小白狼还是不服气，嚷嚷着要再比一次，狐小妹笑了笑说："像

这样看着东西数太简单了,如果你真的还想比,咱们就比口算吧。"

"怎么比法?"

"很简单,我先出一个题目,你不能用纸和笔计算,要直接把答案说出来。你算出来后也出一道题目,然后我也直接把答案说出来,我们一人一次轮流考对方。"

"那我先出题,你来算。"

小白狼心想:我已经输了她两次,可不能再输了,这回得出一个难一点的,让她算不出来,于是便说:"一个两位数,它十位上的数字加个位上的数字等于 10,个位上的数字减掉十位上的数字等于 4,你说这个两位数是几?"

"是 37 呀。"狐小妹几乎脱口而出。

"哦,对了。你,你出吧。"小白狼既懊恼又担心,生怕狐小妹会出很难的题。

狐小妹暗暗好笑,她眼珠骨碌一转,说:"我的题目可简单了,就是一条路上走来几只小鸡,两只的前面有两只,两只的后面也有两只,两只的中间还有两只,请问一共走来了几只小鸡?"

小白狼一听,嘿嘿笑了起来:"这么简单的题目,怎么能难得了我呢?既然前面有两只,中间有两只,后面也有两只,2+2+2 不就等于 6 嘛!"

"嘻嘻,你算错了,应该是 4 只。"狐小妹一边在地上画小鸡一边解释说,"你先看后面两只,它们的前面有两只,再来看前面两只,它们的后面也有两只,最后看一头一尾的两只,它们的中间也有两只,明白了吗?"

小白狼输得哑口无言,只好灰溜溜地走了。

冒牌校长

三只一数示意图

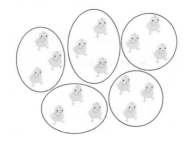

五只一数示意图

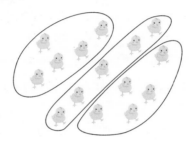

数学小博士

数数的时候我们可以几个一数,这样比较方便。像上面数鸭子,三只一数应该这样数,3、6、9、12、15;五只一数则应该这样数,5、10、15。当然也有两个一数,四个一数,甚至是十个一数等方法,要根据实际情况灵活应用。

如果一堆苹果有18只,你用几种方法可以准确地数出来?

我来试一试

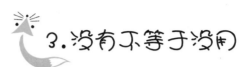

3.没有不等于没用

今天终于要开始学写数字了，一大清早，兔宝贝就背起新书包，一路唱一路跳，高高兴兴地去上学。

她走到半路上，忽然发现猪小聪坐在路边哭。兔宝贝觉得很好笑，上前问道："你干吗哭呀？是不是不想去上学？"

猪小聪委屈地说："谁说我不想去上学啦？妈妈昨晚对我说，只有好好学习，长大了才能做一只了不起的猪，所以我今天很早就起床了，为的就是早点去学校。"

兔宝贝不解地问："那你现在还不快点去学校，坐在路边哭什么呀？"

"刚才我好好的在路上走，却被小白狼绊了一跤，还说绊一跤是因为……是因为看得起我。"

兔宝贝听了很生气："哪有这样看得起人的，明明就是想欺负人，走，咱们找他说理去！"

他们跑到学校，找到了跳到课桌上正在手舞足蹈的小白狼，兔宝贝一手叉腰，一手指着他的鼻子责问道："喂！你为什么要欺负猪小聪？"

小白狼把绿眼睛翻了翻，凶巴巴地说："他是我的小阿弟，小阿弟自愿给大哥磕头，你管得着吗？"

"你胡说，他什么时候成了你的小阿弟啦？"兔宝贝毫不示弱。

"他是0，我是9，0给9当小阿弟，一点也不吃亏，嘿嘿！"

冒牌校长

"为什么他是0,你是9? 你凭什么呀?"

"就凭我是一只最聪明的小白狼,我不仅会写数字,而且还会加减法,可是你们呢? 还什么都不会,就像0一样,没有一点用!"

"你……你……"兔宝贝被小白狼一顿抢白,气得话也说不下去。

狐小妹抬起头,看了看得意洋洋的小白狼,突然发问:"谁说0没有一点用?"

"0代表一个也没有,当然也没一点用!"

"那我问你,1和9哪个大?"

"1是最小的一位数,9是最大的一位数,9当然比1大。"

"那我再问你,1的后面跟个0是几呀?"

"1后面跟个0不就是10嘛。"

"那10和9哪个大呀?"

"这还用问? 当然是10大。"

"嘻嘻,你还说0没用,可他站在1的后面就已经比9大了,如果它站到8的后面,那要比9大多少呀?"

狐小妹的话音刚落,同学们便"哄"的一声,哈哈大笑起来。

小白狼有点难为情,正想偷偷溜出去,却被兔宝贝往面前一拦:"你别急着走,先给猪小聪道歉去!"

小白狼对猪小聪说："你是0,我是9,0给9当小阿弟,一点也不吃亏。"猪小聪决定关注《疯狂思维》好在来日打败小白狼。

0是最小的自然数,它虽然代表一个都没有,但它并不是一点都没用,相反,它的作用可大了。它除了可以和其他的数字一起组合成一个更大的数字之外,在乘法、除法和小数中也有着特殊的作用。当然,这些以后再讲,我们现在只要知道:0和其他的数字一样,都是不可缺少的。

先用 1、2、3、4、5、6、7、8、9 这九个数字分别加上 0（如 $1+0=1,2+0=2$……），再用这九个数字分别减掉0(如 $1-0=1,2-0=2$……),看一看,你发现了什么?

我来试一试

4. 这钱怎么分

兔宝贝和狗大宝一块去钓鱼，忙了一上午，钓到了不少鱼，他俩心里真高兴。狗大宝摸摸自己的肚子说："我饿了，好想吃鱼呀。"

兔宝贝看了看桶里的鱼说："我也饿了，那咱们就烤鱼吃吧。"

他俩捡来干柴火，支起烤火架，就烤起鱼来。不一会儿，鱼肉就烤熟了，一阵阵的鱼香味儿随风飘呀飘，结果引来了馋嘴的小白狼，他连忙跑过来，乐颠颠地说："啊，好香的烤鱼，看起来好好吃！让我先来尝尝鲜。"

说着，伸出脏兮兮的爪子就去抓了一条烤鱼，大嘴一张，咕噜一下就囫囵吞了下去。

"嗯，香是香，只是没尝出味儿来。"

小白狼说着，又把一条烤鱼扔进了大嘴里。他咂咂嘴说："还是没尝出味儿来！"

当他再去抓烤鱼时，兔宝贝急了，她没好气地说："我俩辛辛苦苦忙到现在都还没有吃，你倒跑来捡现成，吃了两条嫌不够，还想吃，真不像话！"

小白狼嬉皮笑脸地说："别那么小气嘛！我付钱还不行吗？"

兔宝贝把手一摊："那就拿来吧！"

小白狼问："要付多少钱？"

"每条就算 3 元钱吧，你吃了两条，3+3＝6，你一共要付 6 元钱。"

冒牌校长

小白狼掏出 6 元钱，付给了兔宝贝。他趁兔宝贝只顾收钱没注意，又急忙抢了一条烤鱼，边跑边笑嘻嘻地说："6 元钱只吃两条鱼，太贵了，再让我吃一条吧。"

　　兔宝贝拔腿就想追，狗大宝摆了摆手说："唉，他跑得这么快，你怎么能追得上？还是算了吧，就当是咱们少钓了一条鱼。"

　　还剩六条鱼，两人只好各自吃了三条。吃完后，兔宝贝掏出那六元钱，说："一共 6 元钱，你 3 元，我 3 元，咱们谁也不吃亏。"

　　狗大宝挠了挠头："我比你多钓了一条鱼，应该多分点。"

　　兔宝贝分辩说："可是，我并没有比你多吃呀，当然应该分得一样多！"

　　狗大宝总觉得自己有点亏，然而，他一时说不清问题出在哪儿？于是，就拉着兔宝贝一起跑去问狐小妹。

　　了解了事情的经过后，狐小妹笑着说："狗大宝应该得 4 元，兔宝贝应该得 2 元。"

　　兔宝贝一听，气呼呼地说："啥？我只比他少钓了一条鱼，钱却要比他少一半？"

数学小博士

　　已知他们一共钓了 9 条鱼，狗大宝多钓了 1 条鱼，说明兔宝贝钓了 $(9-1) \div 2 = 4$ 条鱼，狗大宝钓了 $4+1=5$ 条鱼；6 元钱卖了 3 条鱼（抢走的那条也得算上），说明每条鱼只卖了 $6 \div 3 = 2$ 元。他俩各吃了 3 条鱼，说明卖出的鱼中狗大宝有 $5-3=2$（条），兔宝贝有 $4-3=1$（条），所以狗大宝应该得 $2 \times 2 = 4$（元），兔宝贝应该得 $6-4=2$（元）。

小明摘了三个苹果,小红摘了五个苹果,上街时俩人各吃了两个苹果,还卖了 4 元钱,请问小明和小红应该各分多少钱?

我来试一试

冒牌校长

5. "聪明善良"的狼

狐小妹见兔宝贝不高兴,想给她解释,可兔宝贝误以为狐小妹是在偏袒狗大宝,竟气呼呼地扭头就走。

狗大宝连忙跑过去拦住她,赔着笑脸说:"兔宝贝,你别生气嘛!我把钱都给你还不行吗?"

兔宝贝没好气地说:"谁稀罕钱了!"

狗大宝不解地问:"那你为什么生气呀?"

"我气我的,关你什么事?哼!"兔宝贝说着,把狗大宝往边上一推,头也不回地走了。

狗大宝还想去追,狐小妹却打趣道:"小孩子的脸是六月里的天,说变就变,你让她去吧,过一会儿她自己就会好,嘻嘻!"

兔宝贝听了这话更气了,她跺了跺脚,赌气往山坡上跑。

她一口气跑到了山坡上,回头看狐小妹他们真的没有追上来,不禁又气又恼地自言自语道:"还好朋友呢,就知道和狗大宝好,就知道欺负我,我再也不会理你了。哼!"

小白狼正躺在不远处的大树下睡懒觉,无意中听见了兔宝贝的气话,心里不由得暗暗高兴。他三步两跳地来到兔宝贝面前,装作关切地问:"怎么啦?兔宝贝,是谁欺负你了?快点告诉我,我好帮你去出气。"

兔宝贝一向很讨厌小白狼,本来不想理他,可听他说要帮自己出气,便反问道:"你打算怎么帮我出气,是去打架吗?"

“打架算什么，全班同学哪一个是我的对手？不过我现在正在努力做一只讲文明懂礼貌的狼，是不会再去打架的。”

“你都不打架了，还怎么帮我出气？这不是在说鬼话嘛！”

“要出气可不一定非要打架啊！再说了，你也不会真的愿意我去打你的好朋友吧？”

“她才不是我的好朋友呢，我再也不会理她了！”兔宝贝把脚边的一块小石子踢得老远。

小白狼连忙点头附和：“就是，这样的朋友要她干啥？不如趁早断交！”

兔宝贝奇怪地问：“你知道我在说谁呀？”

小白狼嘿嘿一笑，说：“不就是狐小妹嘛！她仗着一点小聪明，骄傲得尾巴都快翘上天了。如果你真的想要她威风扫地，就得让她栽在更聪明人的手里，这样才能使她输得心服口服，你说对吗？”

兔宝贝为难地说：“话说得是不错，可到哪儿去找比她更聪明的人呢？你该不会是说，这个聪明人就是你吧？”

小白狼摆摆手说：“当然不是我，我说的这个聪明人就是我们老大——独眼狼！”

兔宝贝将信将疑地问：“你们老大真的比狐小妹更聪明吗？”

小白狼得意地说：“那当然，我们老大已经念三年级了，狐小妹才念一年级，三年级对付一年级，这还不是绰绰有余吗？”

见兔宝贝还在犹豫，小白狼连忙催促道：“赶紧跟我走吧，只要见到了我们老大，你就会知道，他是一只多么聪明而又善良的狼了。”

兔宝贝有点心动：“那他住在哪儿？离这里远吗？”

“不远，我们只要先往东走 17 米，再往南走 22 米，接着往西走 18 米，最后再往北走 3 米就到了。”

千伶百俐狐小妹

说完，小白狼就带头向东跑去。兔宝贝迟疑了一下，追了上去……

这道题目可以巧算，17+22+18+3 =（17+3）+（22+18）=60（米）。

14+21+6+9=？

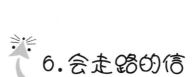

6. 会走路的信

兔宝贝负气跑掉后，狗大宝和狐小妹一起玩了会游戏。可由于大家心里都惦记着兔宝贝，所以玩着玩着就觉得没劲了。

狗大宝叹了口气："唉，今天都是我不好，我干吗要惹她生气？她不会是再也不理我了吧？"

狐小妹点点头："很有可能，要知道，她可是个小心眼呢！"

狗大宝急了："那怎么办？她要是再也不理我了，以后我们再玩老鹰捉小鸡时，叫谁来当小鸡啊？"

狐小妹"扑哧"一声笑了出来："我就奇怪了，你今天怎么这么关心她？原来是为这个呀！"

狗大宝想了想说："狐小妹，我们一起去把她找回来好不好？"

狐小妹心里也想去找她，嘴上却说："我不是说过了嘛！她过一会儿自己就好了，不用担心的。"

狗大宝挠了挠头："可是……可是……她要是自己不好呢？"

狐小妹无可奈何地说："那就没办法了，以后我们只好各玩各的了。"

狗大宝还想说什么，狐小妹突然"咦"了一声，指着他的身后说："快看！那里有一封会走路的信。"

"会走路的信！这怎么可能？"狗大宝将信将疑地扭转身，果然看见不远处有一封信在走路，还一跳一跳地正往这边赶呢！他不由得惊奇地睁大了眼睛。

冒牌校长

看了一会儿,狗大宝嘀咕道:"这真是太奇怪了!让我去瞧瞧到底是怎么回事。"

狗大宝一下子冲到那封信旁,见它还在自顾自地往前走,便伸出爪子把它摁在了地上。

他还没来得及趴下身子去看个究竟,信却突然说话了:"快放开!你要压死我啦!"

狗大宝吓了一跳,手一松,信自动往上掀了掀,一只小老鼠从信封下钻了出来。

"喂!你这个粗鲁的家伙,是不是想谋杀我呀?"小老鼠冲着狗大宝直嚷嚷。

狗大宝凑近小老鼠瞧了瞧,不解地问:"你这是在干吗?"

"我来给人送信。"小老鼠回答道。

"你送信就好好送,干吗要躲在信封下装神弄鬼?"

"什么叫躲在信封下,那是因为这封信太大了,我拿不下,所以才不得不把它顶在头上的,哪里是在装神弄鬼?"

狐小妹恍然大悟地"哦"了一声,走过来问:"那你要把信送给谁呀?"

小老鼠对狐小妹看了看,反问道:"你是狐小妹吗?"

狐小妹点点头:"是呀!怎么啦?"

小老鼠指着信说:"有人托我把这封信送给你。"

"是谁叫你送信给我?送信给我干吗?"

"这些问题可别问我,信里全都写着呢,你自己拆开看吧,我得走了。"说完,小老鼠"哧溜"一下,跑得没影了。

狐小妹捡起信,拆开一看,只见信里写道:

狐小妹：

你好！你的好朋友兔宝贝在我们手里，我们老大准备把她煮熟了当晚饭吃。如果你想救她，就请往东走甜甜米，甜甜是最大的两位数减去最小的一位数的得数。

神秘的聪明人：×××

数学小博士

最大的两位数是 99，最小的一位数是 1，99−1＝98，甜甜＝98(米)。

一个最小的两位数减去一个最大的一位数，等于多少？

我来试一试

冒牌校长

7.路边的梨树

狗大宝也凑上来看,可他看不懂,就问狐小妹:"这个甜甜米是什么东西? 很好吃吗?"

狐小妹摇摇头:"甜甜代表一个两位数,米是长度单位。"

"那个×××是什么意思呢?"

"那是写信人的名字。"

"这个写信人的名字真奇怪,居然叫叉叉叉!"

"这不叫叉叉叉,应该叫某某某,那是因为他不想告诉别人他的真名,所以用这个来代替。"

"可是他为什么要抓兔宝贝啊?"

"你没看到信上说吗? 他们是想把她煮熟了当晚饭吃。"

狗大宝吓得跳了起来:"啊! 这还得了? 那咱们别在这里闲聊了,得赶快去救她呀!"

狐小妹白了他一眼:"谁在这里闲聊了? 是你自己老是问东问西的。"

狗大宝往四下里瞧了瞧,茫然地问:"他们把她关在哪儿? 咱们怎么去救她啊?"

狐小妹往东一指:"最大的两位数减最小的一位数是98,咱们快往东跑98米吧!"

狗大宝一听,撒腿就往东跑,狐小妹也急忙跟了上去。很快就跑了98米,在那里他们没有看见兔宝贝,却在路边看见了一棵大

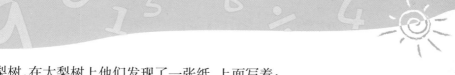

梨树,在大梨树上他们发现了一张纸,上面写着:

狐小妹:

你好!这棵梨树上结满了又大又黄的梨子,我们都摘吃过,味道真是好极了,难道你不想去摘一个来吃吗?等吃完了梨子你将会得到新的指示,请一定要照着做!否则,你就永远也见不到你的好朋友了。

神秘的聪明人:×××

狗大宝望了望满树的梨子说:"我现在没心情吃梨子,只想快点救出兔宝贝。"

狐小妹叹了口气:"唉,我也没有心情吃梨子。可要是我们不吃的话,也许就真的再也见不到兔宝贝了。"

狗大宝想了想:"那我们还是去摘来吃吧。"

说着,就伸手去摘了两个梨子,往身上擦了擦,把其中一个梨子递给狐小妹。狐小妹没有伸手去接,而是皱着眉头说:"我肚子疼,现在不能吃梨子,你帮我吃了吧。"

狗大宝点点头,对着梨子"啊呜"一大口,可他马上哇哇大叫着把梨子全吐了出来:"怎么这么苦?啊啊,苦死啦!"

狐小妹见狗大宝上当,"咯咯咯"地笑起来。

狗大宝连吐了几口唾沫,不解地问:"这梨子看起来很好吃的样子,怎么会是苦的呢?"

狐小妹一边捂着笑疼的肚子一边说:"你真傻!没看到这棵梨树是长在路边的吗?如果这些梨子是甜的,早就被人家摘光了,哪里还轮到你吃呀?"

"啊,原来你早就知道这些梨子是苦的。"狗大宝这才发现自己

千伶百俐 狐小妹

狗大宝吃了一口梨："怎么这么苦？啊啊，苦死啦！"

狐小妹："叫你关注《九优数学故事汇》，你一定没有吧，里面有很多生活常识呢！"

不仅上了那个某某某的当,而且还上了狐小妹的当。

这时,树顶上突然传来"呱呱"两声鸟叫,一只乌鸦飞了起来,他冲着狐小妹叫道:"要想找到兔宝贝,就请继续往东走香香米。香香是一个两位数,十位上的数字减去个位上的数字等于2,十位上的数字是最大的一位数。"

因为最大的一位数是9,所以十位上是9;又因为十位上的数字减去个位上的数字等于2,9-2=7,所以个位上是7。这个两位数是97,香香米等于97米。

一个两位数,十位上的数字减去个位数上的数字等于2,十位上的数字加上个位上的数字也等于2,请问这个两位数是几?

冒牌校长

8. 一扇机关门

"喂喂!"狗大宝抬头冲乌鸦嚷嚷,"什么意思?你究竟把兔宝贝藏哪儿去了?"

可乌鸦只是冷冷地扫了他一眼,便拍拍翅膀飞走了。

"这只可恶的乌鸦!怎么话也不说清楚?"狗大宝气得肚子一鼓一鼓的。

"她已经说清楚了,咱们继续往东跑香香米吧。"狐小妹说着,带头往东跑去。

狗大宝跟在后面一边跑一边问:"香香米到底是多少米呀?"

"你跟着跑就是了,问那么多干吗?"狐小妹头也不回。

等他们停下来时,发现自己已经站在了一座小木屋前,小木屋的门紧闭着。狐小妹指着小木屋说:"兔宝贝可能就关在这里面。"

狗大宝兴冲冲地说:"让我先去把门踹开,咱们好进去救她。"

他还没来得及把脚抬起来,便听见里面有人焦急地喊:"千万别踹门!"

狗大宝一听,高兴地说:"哈哈,是兔宝贝,你果然在里面!可是你为什么不让我踹门呢?"

兔宝贝回答说:"这是一扇机关门,你要是冒冒失失把它踹开,里面就会有暗器射出来,那样你就会没命的!"

"可是,我要是不把门踹开,我们怎么进来救你呀?"

"这扇门上有一行数字,如果你能按照规律把正确的数字填进括号里,门就会自动打开。但是机会只有一次,如果填错了,这扇门就永远打不开了,我也就永远走不出来了,你可别填错呀!"

狗大宝往门上看了看,只见从左到右写着:

1、3、4、7、(　　)、18、29

看着那一行数字,狗大宝觉得头都大了,他只好对狐小妹说:"还是你来填吧。"

狐小妹暗暗好笑,存心想让他急一急,便故意拉长脸说:"你别老是指望我呀!前面两道题都是我解的,这次也该轮到你了吧?"

"我数学不行,做不出来嘛!"

"救兔宝贝又不是我一个人的事情,你爱填就填,不填拉倒!"

"那兔宝贝不救了?她可是你的好朋友呢!"

"是好朋友又怎么样,人家还不是照样生我的气吗?"

狗大宝见狐小妹态度很坚决的样子,只好央求说:"你别这样嘛,谁都知道你既聪明又善良,就算是帮帮我,好不好?"

狐小妹差点笑出声来,假装同情道:"唉!瞧你这可怜兮兮的样,算了,我就再帮你一次吧!"

"哇,你终于肯帮我了,我就知道你是我的好哥们!"见狐小妹终于松了口,狗大宝一高兴,便口不择言了。

"谁是你的好哥们?我是女孩子好不好!"

"那你是我的好姐们,这总可以了吧?"

狐小妹摇了摇头:"唉,真受不了你!"

冒牌校长

千伶百俐 狐小妹

 数学小博士

　　通过观察和分析,我们发现,第一个数加第二数的和正好是第三个数，第二个数加第三个数的和正好是第四个数……按照这个规律,我们发现这里缺的是第五个数,已知第三个数是 4,第四个数是 7,想知道第五个数只要 4+7 = 11 就行了,所以括号里应该填 11。

　　请按规律在括号内填上所缺的数字:1、3、5、7、(　)、11、13。

我来试一试

9. 小白狼有帮手

　　狐小妹上去把 11 填在了括号里，只听"吱呀"一声，门果然自动打开了。她招呼狗大宝一起进去。

　　进了屋，他们发现兔宝贝被绳子捆着。

　　"兔宝贝，是谁把你捆在这儿的？"狗大宝好奇地问。

　　他刚想过去解绳子，小白狼、瘸腿狼和独眼狼突然一起闯了进来，听见了狗大宝的问话，小白狼得意地说："嘿嘿，当然是我啰！"

　　狗大宝生气地问："小白狼，你们干吗要把兔宝贝捆在这里？"

　　小白狼指了指狐小妹，回答说："我们要是不把兔宝贝捆在这儿做人质，怎么能引来聪明的狐小妹呢？"

　　"你们引我到这儿来做什么？"狐小妹不解地问。

　　"当然是想和你比比谁更聪明啰！"

　　"我们不是已经比过好几次了吗？你每次都输，还有什么好比的！"

　　"这次可不是我和你比，而是我们老大要和你比。"

　　狗大宝一听，马上嚷嚷起来："啊？他都已经念三年级了，还要和一年级的学生比，羞不羞呀？"

　　独眼狼凶巴巴地说："你嚷嚷什么？又不是和你比，再叫，当心我咬你！"见狗大宝不吭声了，便阴阳怪气地对狐小妹说，"听说你仗着一点小聪明，老爱欺负别人，你欺负别人也就算了，竟然连我们老三也敢欺负！今天，你敢不敢再耍点小聪明，也来欺负欺负我啊？"

狐小妹不甘示弱道："我可没欺负过谁，你想比就比，别兜大圈子！"

独眼狼把大拇指一竖："嘿嘿，真爽快！那我也不跟你废话了，今天我就用聪明人对聪明人的办法，来和你进行一场公平决斗。这样，我也只用一年级的数学知识和你比，公平吧？"

狐小妹心里暗暗高兴，表面上却装作满不在乎："我才不怕你呢！你还是用三年级的知识来和我比吧，免得到时候输得很难看！"

独眼狼摇了摇头："我可不想让人家说我是以大欺小，今天我偏要用一年级的知识来和你比，到时候叫大家好好看看，到底是谁输得很难看，哼哼！"

瘸腿狼自告奋勇道："杀鸡何必用牛刀啊！老大，你边上歇着，先让我去教训教训她！"

狐小妹轻蔑地说："哦，原来你们想搞车轮大战呀！"

瘸腿狼翻了翻绿眼："什么车轮大战？有我一个就足够了。"

狐小妹调皮地说："好，那你就先出题吧，等我打败了你，再叫你们老大出题，嘻嘻！"

瘸腿狼想了想，说："小动物们排队，小牛的左边有五只小动物，小牛的右边是小马，小马的右边也有五只小动物，请问，这一排小动物一共有几只？"

分析，小牛的左边有 5 只小动物，小马的右边也有 5 只小动物，5+5 = 10（只），由于排在中间的小牛和它边上的小马都没有被计算进去，所以还得把它们一起加进去，10+2 = 12（只）。答：这一排小动物一共有 12 只。

小朋友们排队，小红的前面有 4 名同学，小红的后面有 5 名同学，请问这一队一共有几名同学？

 我来试一试

冒牌校长

10. 狗大宝捣乱

瘸腿狼出完题,自鸣得意道:"我看算了吧,这种题目连我都有可能做错,你是肯定做不出来的,还是趁早认输吧。"

狐小妹鼻子一哼:"谁说我做不出来,不就是 12 只小动物嘛!"

瘸腿狼说:"算你蒙对了,我再出一道题,看你还能不能蒙对?"

"那你就接着出题吧,嘻嘻!"

"小动物们排队,从前面数,小牛排在第 5 位,从后面数,小牛排在第 6 位,请问这一队小动物一共有几只?"

狐小妹一听,皱着眉头说:"怎么又是小动物们排队?都老掉牙了,你能不能出点新鲜的题目呀?"

瘸腿狼不服气地说:"老掉牙?那你做给我看呀!"

"一共 10 只小动物,太简单了!"

"嫌简单是吧,好,这次就给你来个超级难的。我有一件新衣服,它的正面有 5 颗扣子,一只衣袖上有 2 颗扣子,请你猜一猜,我这件新衣服上一共有几颗扣子?"

"由于一件衣服有 2 只衣袖,所以衣袖上有 4 颗扣子,加上正面的 5 颗扣子,一共是 9 颗扣子。"

瘸腿狼懊恼地说:"连这也难不倒你,看来不给你点厉害尝尝是不行了……"

狐小妹连忙打断道:"你都已经出过三道题了,也该让我出道题考考你了吧?"

瘸腿狼很不情愿地说："好,那你出吧。"

狐小妹眨了眨眼睛,边想边说："我出的题呀,特别简单,连三岁小孩都算得出来。"

瘸腿狼不耐烦地说："知道你出不了什么难题,别磨蹭,快点出!"

狐小妹笑嘻嘻地说："你别急嘛!让我再想想……哦,有了,我的问题是这样的——有一天晚上,我正在家里做作业,这时狗大宝跑到我家来,要我陪他玩。我说要做作业,没空玩。于是他就开始捣乱,一会儿把灯拉灭,一会儿把灯拉亮,一会儿又把灯拉灭,一会儿又把灯拉亮,搞得我简直没法做作业……"

瘸腿狼越听越迷糊,忍不住问："你的问题出完了吗?你到底要我回答什么啊?"

"嘻嘻,别着急,我的问题马上就来,我数了数,狗大宝前前后后一共拉了17次开关,现在请你算一算,这时电灯到底是开着的还是关着的?"

瘸腿狼一时拿不定主意,就悄悄问狗大宝："嗨!兄弟,这事是你干的,你应该最清楚,快点告诉我答案,待会儿我奖励你块大骨头吃。"

"谁稀罕你的大骨头,就是知道也不告诉你,哼!"狗大宝把头扭过一边,看也不看他一眼。

瘸腿狼碰了一鼻子灰,只得胡乱瞎猜："灯是开着的,不对!灯是关着的,也不对!灯是开着的……"

千伶百俐 狐小妹

分析,已知从前面数小牛排在第 5 位,从后面数小牛排在第 6 位,5+6＝11,由于小牛被重复计算了,所以得减掉 1,11−1＝10(只)。答:一共有 10 只小动物。

小朋友们排成一队做早操,从左边数小明是第 7 位,从右边数小明也是第 7 位,现在请你来算一算,一共有几个小朋友在做早操?

我来试一试

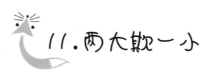

11. 两大欺一小

  见对方乱猜一气，狐小妹忍不住问："你猜谜语呢！说清楚点，灯到底是开着的还是关着的？"

  瘸腿狼犹豫道："应该是开着的吧，不对！灯是关着的，没错，肯定是关着的！"

  狐小妹似笑非笑地问："真的是关着的吗？"

  被狐小妹这么一问，瘸腿狼又吃不准了，他偷眼瞧了瞧独眼狼，见独眼狼轻轻地摇了摇头，于是马上又改了主意："不不！我刚才不小心说错了，灯应该是开着的。"

  狐小妹故作大方地说："你好像没说对哦！怎么样，要不要改变主意？我可以再给你一次机会。"

  "你少蒙我，灯就是开着的！"瘸腿狼心想，我才不上你的当呢。

  狐小妹再一次问道："这么说，你是不准备改变答案啰？"

  "灯明明就是开着的，还改什么改，你以为我是白痴，这么容易上你的当！"狐小妹越是这么说，瘸腿狼便越是以为对方想引他上钩。

  狐小妹假装叹了一口气："唉，既然你这么肯定，那我也没办法了，我还是把正确的答案告诉你吧，灯的的确确是——关着的！哈哈，你猜错了。"

  狐小妹在说出答案时故意拖长了声音，使得瘸腿狼以为自己蒙对了，正在暗自庆幸，不料狐小妹却说他猜错了，便马上争辩说："胡说！灯明明就是开着的，你少蒙人了。"

狐小妹见他不服气,笑嘻嘻地分析道:"你来看,我做作业时灯本来是开着的,狗大宝拉了一次开关后灯就关了,他拉两次开关后灯又开了,拉三次开关后灯又关了,拉四次开关后灯又开了……通过以上规律我们就可以发现,当狗大宝拉了单数次后,灯就关掉,他拉了双数次后,灯就开着,因为17是单数,所以当狗大宝拉了17次开关后,灯应该是关着的。"

听狐小妹分析得头头是道,瘸腿狼一时无法反驳,便转而责怪起独眼狼来:"都是你,害得我出错儿!"

独眼狼感到莫名其妙:"明明是你自己猜错的,怎么反过来怪我?"

瘸腿狼气呼呼地说:"你不知道就不知道吧,干吗摇头啊?我还当你是说我猜错了,便把答案改了,结果反而错了,这还不是你害的吗?"

独眼狼气得大骂:"我摇头是叫你别理她,并不是说你的答案错了,连这都会搞错,还好意思来怪我!"

听独眼狼和瘸腿狼在那里互相指责,狗大宝不干了:"好啊,原来你们在暗地里搞鬼,两个大的合起来欺负一个小的,你们真不害臊!"

独眼狼自知理亏,所以只是瞪了狗大宝一眼,便转身对狐小妹说:"你果然有点能耐,不过别得意得太早,轮到我出马,你就死定了,哼哼!"

狐小妹讲笑话

兔宝贝:"妈妈,你比我大几岁呀?"

兔妈妈:"你问这个做什么?"

兔宝贝:"我得算算,还要过几年,我才能追上你。"

12. 兔宝贝卖萝卜

狐小妹笑嘻嘻地说:"还说不是车轮大战,这下露馅了吧?"

独眼狼狡辩道:"刚才你和老二比,那是一场资格赛,这不叫车轮大战!"

狗大宝好奇地问:"什么叫资格赛啊?"

独眼狼嘲笑说:"连资格赛都不懂,你真够笨的!好了,今天我心情好,就教教你吧,所谓资格赛就是普通人要想和高手比赛,得先和高手的手下比,只有赢了才有资格和高手比,懂了吗?"

狗大宝反问道:"那你为什么不参加资格赛呀?"

独眼狼神气活现地说:"因为我是高手嘛!高手是不需要参加资格赛的。"

见独眼狼在那里自吹自擂,狐小妹故意往门外一指,喊道:"大家快看呀,外面有好多牛啊!"

"在哪儿呢?在哪儿呢?一头牛也没有啊?"大家一边往门外瞧一边问。

狐小妹故作惊讶道:"咦,刚才还好多的,怎么才一会儿工夫就全不见了呢?可能都被人家吹到天上去了吧?"

狗大宝吃惊道:"啊!谁有这么大力气?能把牛吹到天上去。"

狐小妹用眼睛瞟了瞟独眼狼,笑着说:"人家可不是力气大,而是口气大!"

独眼狼算是听出味儿来了,他冷哼一声道:"你当我是吹牛是吧？好，我现在就出道难题来让你尝尝厉害。"

狐小妹满不在乎地说："你随便出吧。"

独眼狼想了想，胡编乱造道："兔宝贝挑着 10 千克萝卜到街上去卖，狐小妹和狗大宝看见了就问，'萝卜多少钱 1 千克？'兔宝贝回答说，'5 角钱 1 千克。'狐小妹想占便宜，她眼珠骨碌一转说，'你这些萝卜我全买了，不过我不要萝卜叶，我出你 4 角钱 1 千克。'狗大宝也想占便宜，附和说，'正好，那些萝卜叶我全买了，我出你 2 角钱 1 千克。'兔宝贝心想，'本来萝卜只卖 5 角钱 1 千克，现在把萝卜头和萝卜叶分开就可以卖 6 角钱 1 千克，每千克多卖了 1 角钱。'于是她就把萝卜头和萝卜叶分开了。一称，萝卜头有 6 千克，全被狐小妹买走了，萝卜叶有 4 千克，就全卖给了狗大宝。他们走后，兔宝贝越想越不对劲，可她又说不清问题出在哪里。这时正巧碰上了聪明的独眼狼，独眼狼听了哈哈大笑，说'兔宝贝，你上了狐小妹和狗大宝的当啦！'你知道聪明的独眼狼为什么要这么说吗？"

兔宝贝有10千克萝卜，价格是5角钱1千克，狐小妹只要萝卜头出价6角1千克，狗大宝只要萝卜叶子，出价2角钱1千克，兔宝贝赚了还是亏了？

关注《金题总动员》帮你解难题。

数学小博士

　　萝卜本来是卖 5 角钱 1 千克，10 千克萝卜可以卖 $5×10=50$（角）；把萝卜头和萝卜叶分开后，萝卜头卖 4 角钱 1 千克，6 千克萝卜头只卖 $4×6=24$（角）；萝卜叶卖 2 角钱 1 千克，4 千克萝卜叶只卖 $2×4=8$（角），萝卜头加萝卜叶一共只卖了 $24+8=32$（角），实际少卖了 $50-32=18$（角）。

　　星期天，小明在自家开的鱼店里玩，妈妈有事要出去一会，叫小明照看一下生意，小明爽快地答应了。不一会儿，有两个年轻人进来买鱼，他们问："鱼多少钱 1 千克？"小明回答："5 元钱 1 千克。"其中一个年轻人说："我只想要鱼头，这样，你单卖我鱼头吧，我可以出你 4 元钱 1 千克。"另一个年轻人说："你把鱼尾卖给我吧，我也出你 4 元钱 1 千克。"小明算了一下，本来 1 千克鱼只卖 5 元钱，现在鱼头可以卖 4 元钱 1 千克，鱼尾也可以卖 4 元钱 1 千克，每千克还多卖了 3 元钱，还是分开卖划算。正当他准备把鱼切开时，正巧妈妈回来了。两个年轻人一看，连忙说："不买了，不买了。"便灰溜溜地走了。你知道这两个年轻人为什么没买鱼就走了吗？

我来试一试

13.还剩几个角

狗大宝挠了挠头:"我又不吃萝卜叶,买它来做啥?"

狐小妹笑了笑:"我也不吃萝卜头,那都是他瞎编的。"

独眼狼催促道:"别打岔,快回答问题。"

狐小妹分析说:"这还不简单!1千克萝卜头加1千克萝卜叶是2千克的分量,但只卖了4+2=6(角),而同样的2千克,萝卜头和萝卜叶没分开时可以卖5+5=10(角),分开卖显然是吃亏的嘛!"

独眼狼点点头:"嗯,马马马虎虎算你对。再来看下一题,一张方桌的桌面被砍掉了1个角,它还剩下几个角?"

狗大宝一听,忍不住笑了起来:"哈哈,这么简单的题目,连我都会做。"

独眼狼鼻子哼哼:"简单?那你倒是做做看呀!"

狗大宝不假思索地回答:"方桌的桌面有4个角,砍掉1个角,还剩3个角。"

"哈哈,你答错了!"独眼狼高兴得差点跳了起来。

"他怎么错了?"狐小妹假装不明白。

"是啊!我怎么错了?4-1=3,没错啊!"狗大宝也纳闷了。

独眼狼得意地说:"因为这道题的答案有好几个,你只回答出一个,所以是错的!"

狐小妹不慌不忙地说:"可他的话还没说完,他刚才只回答了一种,另外两种还没来得及说呢!"

独眼狼诧异道："还没回答完？不会吧,他刚才明明没有往下说了啊！"

狐小妹解释说："这你就不知道了吧？他说话总爱说说停停的,我们都已经习惯了。"

狗大宝心想:我什么时候说话爱说说停停了？抬头一看,见狐小妹正在不住地给自己使眼色,便点点头说："对！对！我说话就爱说说停停的。"

独眼狼无可奈何："好,就算是这样,那你接着往下说吧！"

狐小妹连忙说："他说一句话得停半天,要他全部讲完,那得等多长时间啊。还是我来接着往下说吧。一张方桌的桌面被砍掉 1 个角,根据不同的砍法,可能是 3 个角,也可能是 4 个角,还可能是 5 个角,关键就看你怎么砍。"

独眼狼见狐小妹答对了,心有不甘地问："那你说说看,3 个角、4 个角和 5 个角分别要怎么砍？"

狐小妹笑了笑："我既然知道答案,当然也知道怎么个砍法,只是这样讲有点麻烦,你也不一定听得懂,我还是直接画出来给你看吧！"

说完,便掏出铅笔和本子把图形画了出来:

图1

图2

图3

看了狐小妹画的图,独眼狼不无沮丧地说："唉,又被你蒙对了。"

今天我们来认识两种图形,四条边都一样长,四个角都一样大的图形叫作正方形,像八仙桌的桌面就是正方形;四条边不一样长,但是相对的边都一样长,并且四个角也都一样大的图形叫作长方形,像教室里用的大黑板就是长方形。

请说出几样在生活中见到的表面是正方形和长方形的物体。

 我来试一试

冒牌校长

14. 独眼狼要赖

听独眼狼这么说，狗大宝可不买账："什么叫又蒙对了？明明就是做对的嘛！"

"那是因为我看她小，所以没有出真正的难题，你们要是不信，我再出一道题试试？保证可以难倒她！"独眼狼真会给自己找台阶。

"你还想出难题呀，那好吧！"狐小妹故意吊了吊胃口，接着说，"只是，你已经出过两道题了，是不是也该让我出几道题呀？"

"该的，该的，不过你最好把几道题一块儿说出来，我好一口气做完。"独眼狼心想，她才上一年级，出的题目肯定很简单。

"既然你这么说，那我就不客气了，你听好：第一题，在 0 到 9 这 10 个数字中，哪一个数字最勤快？哪一个数字最懒惰？第二题，什么数字自己加自己，自己减自己，最后仍然是自己？第三题，5 个笼子里一共住着 16 只小鸡，每一个笼子里的小鸡数目都不一样，你知道这 5 个笼子里各住了几只小鸡吗？"

狐小妹一口气出了三道题，听得独眼狼两眼发直，光第一题他就想了老半天，可还是没有想出来，于是便要赖说："数字只有大和小的区别，哪里有什么勤快和懒惰的？一定是你瞎编的！"

狗大宝生气地说："你做不出来就老老实实地认输，别要赖！"

狐小妹摆了摆手，大方地说："第一题做不出来我不算你输，你就直接做第二题吧。"

可是独眼狼却说："加法只会越加越大，减法也只会越减越小，哪里有自己加自己，自己减自己，结果还是自己的？根本不可能，这一题也是你乱编的！"

"那么这一题也不算，你接着做第三题吧。"独眼狼越是要赖，狐小妹便越是觉得好笑。

独眼狼去分了又分，最后总是剩下 1 只，干脆一赖到底："这一题出得也不对，分到最后剩下 1 只小鸡没有笼子住！"

小白狼一听，咽了咽口水说："老大，我有办法，你让剩下的那只小鸡，住到我的肚子里去不就行了。"

狗大宝大吃一惊："啊，你想谋杀小鸡，我现在就告诉鸡妈妈去！"

小白狼连忙说："别，别，这不是在做题吗？我还没吃着呢！"

独眼狼没好气地说："做什么做，那都是她瞎编的，根本没法做！"

"谁说没法做了？第一题的答案是 1 最懒惰，2 最勤快，因为一不做，二不休嘛！第二题的答案是零，因为零加零等于零，零减零也等于零，所以最后的结果还是零。第三题是 5 个笼子分别住 1、2、3、4 和 6 只小鸡。"见独眼狼死不认输，狐小妹干脆把答案全说了出来。

🎓 数学小博士

　　5 个笼子住 16 只小鸡，要求每个笼子里的小鸡数量都不一样，许多同学一碰到这个题目，就会挨着顺序排，第一个笼子住 1 只，第二个笼子住 2 只，第三个笼子住 3 只，第四个笼子住 4 只，第五个笼子住 5 只。最后加起来一看，哎呀！只有 15 只小鸡，还有 1 只没地方住。这时得注意了，题目要求每个笼子住的小鸡都不相同，并没有要求必须按照数字的顺序排，所以只要让最后 1 只小鸡也住到第 5 个笼子里去就行了。

兔妈妈叫兔宝贝把 20 颗糖分给 5 只前来做客的小动物，要求每只小动物分到的糖的数量都不一样，而且他们分到的糖的数量是连续自然数。她应该怎么分？

 我来试一试

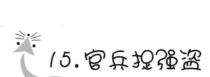

15. 官兵捉强盗

独眼狼听狐小妹全部报出了答案,半天说不出话来。瘸腿狼不耐烦了:"老大,和她比什么数学啊? 干脆动武得了!"

狗大宝撸了撸袖子:"怎么,你们还想打架呀? 打架可是我最拿手的,你们来吧!"

瘸腿狼还没来得及跳出来,小白狼就抢着说:"我的手早就痒痒了,还是让我先上吧。"

小白狼长嗥一声,猛地扑向了狗大宝。狗大宝不甘示弱地冲了上去,两个很快就扭打在了一起。

兔宝贝见他们打起来了, 气呼呼地责问小白狼:"你不是说自己是一只文明的狼吗? 怎么还打架呀?"

瘸腿狼一听,乐了:"嘿嘿,做文明的狼,那不是自己找罪受吗? 老大,你在边上歇着,让我先去咬一块狐狸肉来尝尝!"

"哎,等等! 你别急着来咬我呀,有个问题要先请教你呢!"

瘸腿狼刚想扑上来,听狐小妹这么一叫,有点奇怪:"是什么问题啊?"

狐小妹装作一本正经的样子问:"如果有人拿东西砸你头,她要砸多少下你才会疼得受不了?"

瘸腿狼挠了挠头:"这个问题我还真没有想过。等等,让我先想想,嗯,大概是 100 下吧。"

狐小妹摇了摇头:"不对!"

瘸腿狼想了想："1000 下，1000 下总差不多了吧？"

狐小妹又摇了摇头："也不对！"

"10000 下，10000 下总该够了吧？"瘸腿狼心想，这 10000 下要是全砸在脑袋上，不砸个满头包才怪！

狐小妹仍然摇头："还是不对哦！"

"还不对？"瘸腿狼叫了起来，"那你说要多少下？"

狐小妹一边从口袋里掏出一大把栗子一边笑嘻嘻地回答："当然是——无数下了，嘻嘻！"

说完，不等他们反应过来，狐小妹就把栗子噼里啪啦地往瘸腿狼和独眼狼的头上砸去。

两只小狼猝不及防，立马被砸得鼻青脸肿。正当他们哇哇大叫着准备向狐小妹发动反攻时，门外突然响起来了"咩咩"的叫声，只听一只小动物在说："爷爷，快看，里面有人在打架！"

被称为爷爷的老动物咳嗽一声，问："你们在干什么？为什么要打架？"

大家回头一看，只见一只老绵羊和一只小绵羊正站在门口。

乖乖，这不是绵羊校长吗？三只小狼顿时吓得不知所措。

狐小妹见了绵羊校长，马上告状："他们绑架了兔宝贝，我和狗大宝是来救她的。"

小狼们吓了一跳，连忙否认："没有的事，她是恶人先告状，校长，你可千万别相信啊！"

狗大宝指着兔宝贝："瞧，她还被他们捆在这儿呢！"

绵羊校长板着脸问："这是怎么回事啊？"

小白狼一溜烟地跑过去，一边帮兔宝贝解开绳子一边狡辩道："我们是在做游戏呢，玩官兵捉强盗，不信，你问兔宝贝！"

兔宝贝点点头："是呀，我们是在做游戏呢！"

狐小妹以为兔宝贝害怕,安慰说:"你别怕,快告诉校长,他们是怎么欺负你的?"

兔宝贝把嘴一撇:"谁害怕了? 本来就是在做游戏嘛!"

说完,"哧溜"一下,自顾自地跑了……

数学小博士

数字多得无法数清,我们一般就称它为无数,如粮仓里堆满了粮食,它有无数粒。

请你说一说,还有什么东西我们通常称它们有无数?

我来试一试

冒牌校长

16. 狗大宝挨批评

数学课上，斑马老师在黑板上画了个图形，然后用教鞭指着问："同学们,你们来数一数,这里一共有几个格子?"

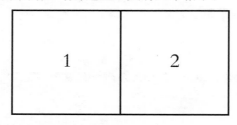

小动物们异口同声地回答:"2个格子。"

斑马老师摇了摇头,用眼睛扫视了一下,刚想开口,蓦然看见猪小聪正心不在焉地望着窗外,于是用教鞭敲了敲黑板,大声喊:"猪小聪,请你站起来!"

大家都吓了一跳,忙向猪小聪那边看,可他好像没听见似的,竟动也不动,依旧呆呆地看着窗外。

斑马老师有点生气,她又抬高声音喊:"猪小聪,你在想什么?请你站起来!"

猪小聪仍然一动不动地坐在那里发呆。

斑马老师气极了,拿教鞭用力敲着讲台:"猪小聪,你在发什么呆? 快给我站起来!"

今天的猪小聪像是中了魔法似的, 不管斑马老师叫的声音有多大,他愣是一点反应也没有。

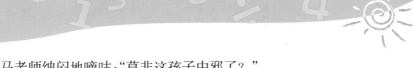

斑马老师纳闷地嘀咕:"莫非这孩子中邪了?"

狗大宝举手要求发言,斑马老师请他站起来问有什么事,他回答说:"老师,我有办法叫猪小聪站起来。"

斑马老师挺高兴,点点头:"好,那你就试试吧。"

于是,狗大宝转过身去,对着猪小聪的耳朵大喊一声:"猪——小——呆!老师叫你!"

猪小聪被吓得一下子跳了起来,惊惶失措地问:"啊!哪里打雷啦?"

小动物们"哄"的一声,哈哈大笑起来,教室里顿时像炸开了锅。狗大宝咧着嘴,正在那里得意洋洋。可扭头一看,见斑马老师沉着个脸,正严厉地盯着他,他吓得赶紧坐了下去。

然而,斑马老师没等他屁股挨上板凳,便大喝一声:"狗大宝,你也给我站起来!"

狗大宝只好耷拉着脑袋,慢吞吞地站了起来。

斑马老师板着脸问:"狗大宝,请你回答,我为什么要叫你站起来?"

"是我吓着他了呗。"狗大宝嘴上虽然这么说,心里却老大不服气,是你自己同意我叫的,怎么又怪我了?

斑马老师摇了摇头:"不对,再说!"

"是我声音喊得太响了,可我要是不……"

狗大宝还没解释完,斑马老师又摇了摇头,打断说:"也不对,再说!"

"那,那我就不知道了。"狗大宝实在想不出,自己还有什么别的错误。

斑马老师严肃地说:"随便给同学取绰号,这是不对的,他叫猪小聪,不叫猪小呆,请你以后要牢牢记住,好了,坐下吧。"

冒牌校长

狗大宝悻悻地坐下,发觉后面有人在悄悄地踢他屁股,连忙扭过头去,见狐小妹正捂着嘴,在偷偷地笑他。

数学小博士

上图一共有 3 个格子,其中单个的小格子有 2 个,就是格子 1 和格子 2;2 个格子组成的大格子有 1 个,就是由格子 1 和格子 2 组成的大格子,所以一共有 2+1＝3 个格子。

数一数,下图中一共有多少个格子?

1	2	3

我来试一试

17. 小白狼没来上课

"同学们，前几天我们已经学习了几种加减法的巧算。今天，我们来复习一下，看大家都掌握得怎么样了？"

斑马老师在黑板上写下一道加法题：37+29=？转过身来，推了推鼻梁上的眼镜，指着狐小妹说："狐小妹，你是学习委员，请你用巧算的方法，先来给同学们做一下示范。"

狐小妹胸有成竹地走到黑板前，"沙沙沙"地写了起来：37+29=（37－1）+（29+1）=36+30=66。

斑马老师看了答案，很满意："嗯，做得很好，狐小妹，你可以下去了。"

斑马老师又在黑板上出了一道题：61－49=？她往下面看了看，引得狗大宝一阵紧张。

"兔宝贝，请你来做这道题，希望你也能用巧算的方法做出来。"

见斑马老师没叫到自己，狗大宝长吁了一口气，抬头看黑板，只见兔宝贝写道：61－49=（61－1）－（49+1）=60－50=10。

狗大宝心里想，女孩子就是聪明，连这么难的题目她都能做出来，唉，我怎么就不行呢？

不料，斑马老师看了答案，却摇摇头："兔宝贝的解法不对，有哪位同学自愿上来纠正一下？"

等了一会儿，见没有人上来，斑马老师说："既然你们都不主动,那我只好点名了。"

斑马老师的眼光透过眼镜片扫过来扫过去,把狗大宝吓坏了,他低着头暗暗祷告,祈求菩萨保佑,千万别让斑马老师点到自己的名字。

"小白狼同学,请你上来。"斑马老师终于点出了名字。

可是没有人答应。

"小白狼同学,请上来。"斑马老师又点了一次。

还是没有人答应。

斑马老师有点奇怪,刚想叫第三遍时,狐小妹站了起来:"报告老师,小白狼今天没有来上课。"

"没有来,那坐在他位子上的是谁?"斑马老师大声问道。

狗大宝刚松了一口气,抬头见斑马老师的教鞭正指着自己,他不由得吓了一跳,仔细一看,这才发觉自己坐错了位置。他应该是第二排的第三个座位,可现在竟然坐在了第三排的第三个座位上,而那个座位恰恰就是小白狼的。都怪自己在上一节课下课时跑到学校外面去玩,听到铃声后才慌里慌张地跑进来,连座位都没看清楚就坐了上去。这下惨了,肯定又要挨批评了,唉!

他心里正在七上八下,斑马老师已经走了过来,她终于看清了坐在小白狼位置上的是狗大宝,便似笑非笑地说:"你既然坐在小白狼同学的座位上,那你就代他上去做题吧。"

狗大宝心里暗暗叫苦,只好硬着头皮往黑板前走去……

数学小博士

　　61-49 这道题,为什么说兔宝贝做错了呢?原来她把被减数上的 1 加到减数上去了,根据减法的性质,被减数减少 1,差就会比实际减少 1;减数增加 1,差也会比实际减少 1,这样一出一进,差就比实际减少了 2,所以说兔宝贝做错了。这道题目的正确解法是:61-49＝(61+1)-(49+1)＝62-50=12。

　　33-18＝?（请用巧算的方法把这道题做出来。）

我来试一试

冒牌校长

18.陪老师去家访

最后一节课结束后,斑马老师把狐小妹单独留了下来。

"狐小妹,你认识小白狼同学的家吗?"

"认识,认识,老师,怎么啦?"

"小白狼同学已经三天没来上课了,老师想去他家走访一下。"

"老师是要我带路吧?"

"你真聪明,那好,咱们现在就出发吧。"

狗大宝正在教室门外等狐小妹一起回家,听见刚才的对话,连忙冲进来:"老师,我也认识小白狼的家,让我一块儿去吧。"

斑马老师点头应允。狗大宝冲狐小妹挤了挤眼睛,做了个胜利的手势。

一路上,狗大宝和狐小妹叽叽喳喳地说个不停,显得很兴奋。

狐小妹说:"狗大宝,我问你个很简单的问题,你保证会答错!"

狗大宝不服气:"别说得那么肯定,也许我能回答出来呢。"

"好,那我问你,1+1 是个什么字?"

"这问题太简单了,不就是 2 嘛!"

"哈哈,你答错了。"狐小妹见狗大宝上当,哈哈大笑起来。

狗大宝争辩说:"1+1=2,没错啊! 难道还能等于 3 不成?"

狐小妹解释说:"我是问你什么字,不是问你等于多少!"

"那也应该是 2 字嘛!"狗大宝坚持己见。

"2 是数字,不算字,这应该是个'王'字,不信,你把 1+1 竖过来看。"

斑马老师听他们说得有趣，便也凑热闹说："嗯，狐小妹刚才的问题连我都上了当，真的很有趣。不过，我有个更有趣的问题，你们有没有兴趣听啊？"

狐小妹和狗大宝马上异口同声地问："老师，是什么有趣的问题？"

斑马老师扶了扶眼镜，又清了清嗓子："我的问题是这样的，假如1只小猪吃1个馒头要花1分钟，那么，2只小猪用同样的速度，同时吃2个同样大小的馒头，需要花几分钟？"

狗大宝连忙抢答："老师，我知道，因为吃1个馒头要1分钟，所以吃2个馒头就要2分钟。"

狐小妹笑嘻嘻地纠正说："不对！还是1分钟。"

斑马老师故意瞪大了眼睛问："狐小妹，你没搞错吧，怎么会还是1分钟呢？"

狗大宝以为狐小妹答错了，幸灾乐祸地说："哈哈，狐小妹，你也有答错的时候啊！"

狐小妹白了他一眼，分析说："谁说我答错了？你们看，馒头的总数是2个，小猪的总数是2只，2只小猪吃2个馒头，等于是1只小猪吃1个馒头，既然1只小猪吃1个馒头需要1分钟，那么，2只小猪用同样的速度同时吃2个馒头，当然也只需要1分钟。"

听了狐小妹的分析，斑马老师连连点头："嗯，狐小妹答对啦！"

数学小博士

狗大宝说吃 1 个馒头要 1 分钟,吃 2 个馒头就要 2 分钟,这本来没有错。可是他没审清题意,这 2 个馒头并不是 1 只小猪吃的,而是 2 只小猪吃的,所以仍然等于是 1 只小猪吃了 1 个馒头。

1 个小朋友吃 2 只苹果需要 4 分钟,2 个小朋友用同样的速度同时吃 4 只同样大小的苹果,需要几分钟?

我来试一试

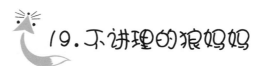

19. 不讲理的狼妈妈

到了小白狼家,狗大宝上去敲门。过了好半晌,门才开,出来的是一只母白狼。

"你们找谁?"母白狼神情紧张地问。

狐小妹附在斑马老师的耳边悄悄说:"她就是狼妈妈,好凶的。"

斑马老师微笑着上去打招呼:"狼妈妈您好,我是小白狼的班主任,我……"

"快说吧,你来我家干吗?"狼妈妈显得很不耐烦。

斑马老师连忙解释:"是这样的,小白狼已经三天没来学校了,这事您知道吗?"

"知道,是我不让他去的。"狼妈妈回答得很干脆。

"您为什么要这么做呢?"斑马老师不解地问。

"这是我们家的私事,你管不着!"狼妈妈语气生硬地回答。

斑马老师生气了:"教育可不是什么私事,九年制义务教育是森林国规定的,你要是再不让孩子去上学,我就上森林法庭告你去!"

狼妈妈吓了一跳,口气马上软了下来:"其实我也不想这么做呀!可是咱家果园里的苹果都成熟了,家里人手不够,我是实在没办法,所以只好把小三留在家里帮忙啊!"

斑马老师说:"人手不够,你可以雇人嘛。"

“可是我没钱雇人啊。”狼妈妈哭起穷来。

狐小妹上前说："狼妈妈，您人手不够，不如让我去帮您摘苹果吧。"

"帮忙摘苹果，那你想要多少工钱？要的多我可付不起。"

"我不要你的钱，是义务帮您摘。"

"还有这种好事，我没听错吧，那你图个啥？"

"我不图啥，就是想帮您早一点把苹果摘完，好让您放小白狼到学校去。"

斑马老师赞许地说："真是个好孩子，这样吧，义务摘苹果也算我一份。"

狗大宝也不甘落后："我也去！我也去！"

狼妈妈听了，马上笑眯眯地说："好，我这就叫小三带你们到果园去。不过，咱得先把丑话说在前头，是你们自己说了不要钱的，到时候可别反悔啊？"

"不反悔，不反悔，您就放心吧！"

大家跟着小白狼来到了果园，马上就忙碌开了。一直忙到大半夜，累得腰酸背痛，终于把所有的苹果都摘完了。小白狼挑了两只最大的苹果，递给斑马老师："老师，你们辛苦了，请吃两个苹果吧。"

斑马老师摸了摸他的头："真是个乖孩子，老师不累，你把苹果拿去给他俩吃吧。"

小白狼摇摇头："老师，你误会了，这两个苹果是给你们三个人的酬劳，妈妈说了，我们不能白占人家的便宜。"

狗大宝一听，可生气了："啥？三个人就给两个苹果，你也太小气了吧！"

小白狼委屈地说："你别冤枉人，妈妈本来叫我挑两个最小的，

为什么狼妈妈觉得他们连三个人分两个苹果这么点小事都不会呢？一起关注《九优数学故事汇》吧，你会了解更多的生活小常识和趣味数学故事。

冒牌校长

现在我挑了两个最大的,哪里小气了?"

斑马老师捶了捶自己的后背,说:"小白狼,这两个苹果你自己留着吧,今天太晚了,我还要送狐小妹和狗大宝回去,就不去和你妈妈打招呼了。不过,你明天一定要来上课哦!"

见斑马老师他们走远了,狼妈妈才窜了出来。小白狼问:"妈妈,我明天要不要去上学呀?"

狼妈妈看着小白狼手里的两个大苹果,没好气地说:"你看,他们连三个人分两个苹果这点小事都不会,上学还有什么用?走,跟我回屋吃烧鸡去,刚才差点让他们撞上!"

数学小博士

　　要想把 2 只苹果平均分给 3 个人,只要把每只苹果都切成同样大小的 3 块,这样一共有 6 块,再每人分 2 块就行了。

2 个人分 3 个苹果,怎么分才算公平?

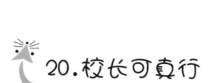

20.校长可真行

一连几天,小白狼还是没有来上学,斑马老师又气又急,给狼妈妈打电话,打了几次都是忙音,狼妈妈根本不接电话。

斑马老师没办法,只好去找绵羊校长汇报情况。

绵羊校长听了,点点头说:"我已经知道这件事了,刚才小鹿老师和老驴老师也来找过我,说瘸腿狼和独眼狼也已经好几天没来上课了。"

斑马老师气呼呼地说:"她这样做真是太过分了!校长,这件事我们不能放任不管,我看,得采取点严厉的措施,必要的话,可以考虑把她告上法庭。"

绵羊校长摇摇头:"不能这么做,这对学校的影响不好。要不这样吧,我亲自去一趟,尽量说服她送孩子们来上学。"

斑马老师连忙劝道:"我看,您还是别去了,她可不是个明事理的人,跟她讲理没用。"

绵羊校长信心十足地说:"斑马老师,你放心吧,我有办法说服她。"

"既然您这么说,那我就祝您马到成功吧。"

斑马老师说完这一句,只好离开了校长办公室。

放学后,绵羊校长真的去了小白狼的家,他和狼妈妈到底谈了些什么,没有人知道。但令人奇怪的是,第二天,狼妈妈果然放小白狼三兄弟来上学了。于是,大家都夸绵羊校长有办法。特别是斑马

冒牌校长

老师,更是佩服得不得了,逢人就说:"校长太不简单了,我得好好向他学习!"

狐小妹对这件事感到很好奇,她很想知道,校长到底和狼妈妈谈了些什么?她试着去小白狼那里打听,可小白狼的嘴巴很紧,竟一句话也打听不到。

狐小妹是只不轻易打退堂鼓的小狐狸,她绞尽脑汁,终于想到了一个好主意。她知道小白狼有个馋嘴的毛病,于是便想用美味零食去引诱他。

她从家里悄悄带了一大包巧克力去学校,一看见小白狼就大声吆喝起来:"吃巧克力啰!又香又甜的巧克力哦!"

很快就有好多小动物跑来讨要巧克力吃,狐小妹给他们每人分了一颗,却故意不给小白狼。

小白狼把手伸得老长,见狐小妹不给他,便央求道:"狐小妹,给我吃一颗吧?"

狐小妹把剩下的大半包巧克力扬了扬:"我们来玩个游戏吧,如果你赢了,我这包巧克力就归你了。"

小白狼忙问:"怎么玩?"

狐小妹说:"很简单,只要你根据我的提示,算一算这里还剩多少颗。算对了,这些巧克力都给你吃,如果算错了,我也给你吃,不过你得老老实实地回答我一个问题。"

小白狼一听,横竖都能吃到巧克力,便乐颠颠地说:"好,我同意,你快说吧。"

狐小妹笑嘻嘻地说:"狗大宝在做一道数学题时犯了粗心大意的毛病,他把被减数少看了5,又把减数多看了6,结果做出来的答案是37,请你帮他纠正一下,正确的答案应该是几?"

数学小博士

　　被减数少看了 5,差就比实际少了 5;减数多看了 6,差又比实际少了 6;5+6＝11,差一共比实际少了 11,37+11＝48。答:正确的答案应该是 48。

　　小明是个粗心的孩子,他在做一道数学题时,把一个加数少看了 3,把另一个加数多看了 5,做出来的答案是 13,聪明的小朋友,请你帮他纠正过来,好吗?

冒牌校长

21. 小呀呀失踪？

小白狼埋着头,吭哧吭哧地做了好长时间也没能做出来,只好说:"这道题太难了,我做不出来,你还是提问题吧。"

狐小妹心里说:早知道你做不出,要是被你做出来了,我不是白费劲了吗? 于是便笑嘻嘻地问:"小白狼,既然你做不出来,那你就老实告诉我,校长和你妈妈到底说了些什么?"

小白狼吞吞吐吐地说:"没,没什么。"见狐小妹把那包巧克力吊在眼前晃来晃去,马上改口说,"好吧,我告诉你,校长对我妈妈说,'你应该送孩子们上学去。'"

"还有呢?"

"没,没啦。"

"不会吧,就说了这一句话?"

"就说了这一句。"

"我不信,你肯定没说实话。"

"我说的是实话,不信,你自己去问校长好了。"

狐小妹没想到小白狼来这一招,一时竟无话可说,她总不能真的去问校长呀!

小白狼见狐小妹没话说了,得意地把手一摊:"快把巧克力给我吧。"

狐小妹无奈,只好从包里掏出一颗巧克力,重重地往小白狼手里一放:"给你!"

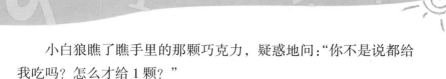

小白狼瞧了瞧手里的那颗巧克力，疑惑地问："你不是说都给我吃吗？怎么才给1颗？"

"可是你并没有算出来呀！"

"你不是说，算不出来，只要回答了你的问题，你也都给我吃吗？"

"你听错了，我是说，你算出来了我就都给你吃，算不出来，我也给你吃。"

"那还不是一个样？"

"怎么会一个样呢？说都给你吃，就是这包巧克力都归你，说也给你吃，那么给多少得由我自己决定，给1颗也是给，明白了吗？"

"你要赖！"小白狼气呼呼地嚷道。

"你才要赖！"狐小妹毫不客气地回敬道。

"你要赖，你要赖！"小白狼边跳边叫。

"你才要赖，你才要赖！"狐小妹也不肯退让。

两个就这么你一句我一句地大声吵了起来。这时，斑马老师突然走了进来，听见他们的争吵声，不满地说："看你们俩什么样子，早自习是用来学习的，不是用来吵架的，待会一起到我办公室来一趟。"

说完，就匆匆忙忙地走了出去。大家一见老师走了，就"哄"的一声嚷嚷开了。狐小妹和小白狼刚想继续开战，不料斑马老师又"杀"了回来。她一边走一边拍着自己的脑门说："瞧我这记性，差点忘了正事，小咩咩，你跟我到办公室去一趟。"

见下面没有反应，便又提高嗓门叫："小咩咩，跟我到办公室去！"

仍然不见小咩咩答应，斑马老师有点生气了，她刚要叫第三遍时，兔宝贝细声细气地报告说："老师，小咩咩不在教室里。"

"不在教室里,那她在哪儿?"斑马老师觉得奇怪。

"不知道,刚才她还在这儿的,才一会儿工夫就失踪了。"兔宝贝夸张地说。

"啊!失踪?小咩咩失踪啦?"斑马老师大吃一惊。

数学小博士

　　看,小白狼没搞清楚"都给你吃"和"也给你吃"的区别,结果被狐小妹钻了空子。其实我们在做数学题时也要时时注意这些关键字,如:兔宝贝有 5 个苹果,狗大宝比她少 2 个苹果,狗大宝有几个苹果?这里的关键字是"少",应该用减法。

　　小红有 7 颗糖,小明比她多 5 颗糖,请问小明有几颗糖?

我来试一试

22.巧搭木板桥

一听说小咩咩失踪了,斑马老师吓得脸色都变了,她颤声问:"快……快说,小咩咩是怎么失踪的?"

见斑马老师这个样子,兔宝贝怯怯地说:"小咩咩她……她不是失踪,是……是被一位叔叔叫出去了。"

斑马老师松了一口气,责备说:"兔宝贝,话可不能乱说,我差点被你吓死。哦,对了,她是被谁带走的?"

兔宝贝吐了吐舌头,说:"我不认识他,只听见小咩咩叫他叔叔。"

斑马老师点了点头,又自言自语道:"大清早的,她怎么会被她叔叔带走了呢?不行,我得问问校长去!"

说完,就急匆匆地往校长室走去。到了校长室,校长并不在那里。于是,她又自言自语道:"也许她和校长在一块吧?"

这时,正好上课铃响了,斑马老师就急急忙忙地上课去了。

一直到放学后,小咩咩都没有回学校,狐小妹有点不放心,就对狗大宝说:"不如我们去找找她吧。"

狗大宝说:"又不知道她往哪儿去的,我们怎么找啊?还是先去问问兔宝贝吧,也许她知道呢!"

他们找到了兔宝贝,兔宝贝说:"我只知道小咩咩被她叔叔带着往东边走了,你们就往东边去找吧。"

狗大宝问:"兔宝贝,你不和我们一块儿去吗?"

兔宝贝对狐小妹撇了撇嘴："我才不和人家一块儿去呢。"

说完，扭头就走了。

狐小妹叹了口气："还记仇呢，真是个小心眼！算了，我们自己去找吧！"

狗大宝挠了挠头，嘀咕道："你们女生可真麻烦！"

狐小妹眼睛一瞪："你说什么呢？"

狗大宝连忙结结巴巴地说："没，没，没什么。"

黄昏时，两只小动物正并排走在东边的小路上，他们一边走一边东张西望，不一会儿，就来到了一条小河边。没错儿，他们正是狗大宝和狐小妹。

狗大宝叫道："啊！这条河上的桥怎么被人拆了？这下可好，害得咱们没法过去了。"

狐小妹指着不远处说："瞧！那里有两块木板，我们去把它们搬过来，这样就可以搭一座桥了。"

狗大宝兴冲冲地跑过去，搬了一块木板就往对岸架，可是木板太短，够不着。于是，他又跑去搬来另一块木板，一试，也不够。他为难地说："这两块木板都够不到对岸，怎么办？"

狐小妹仔细观察了一会儿，发现对岸有一块突出来的地方，正好对着这边的一个小缺口，她想：我干吗不利用一下这个小缺口呢？

于是，她赶紧跑过去，把一块木板铺在小缺口上，把另一块木板铺在第一块木板和那个突出来的地方，一看，嘿，正好够得着。

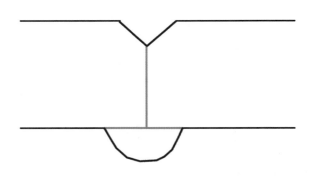

注：黑线是河岸，绿线是木板

狐小妹讲笑话

斑马老师指着练习本上的一道数学题，批评道："狗大宝，你真粗心，竟然把 6 错写成 9！"狗大宝连忙解释说："老师，我没写错，是你自己把练习本拿倒了。"

冒牌校长

23. 一只绣花鞋

狗大宝看了看木板桥，竖着大拇指说："狐小妹，你真棒！"

狐小妹谦虚地说："没什么，我只不过是多动了下脑子，咱们还是赶紧过去吧。"

他们刚准备过桥，就听见后面有人粗声粗气地喊："喂！你们千万别过去！"

回头一看，只见一头老水牛正气喘吁吁地跑过来。狗大宝奇怪地问："水牛公公，你为什么叫我们别过去呀？"

老水牛说："你们还不知道吧？这河对岸出了个妖怪，专门抓小动物吃，我怕小动物们有危险，就把桥拆了。"

狐小妹将信将疑地问："水牛公公，您怎么知道前面有妖怪？是您亲眼看见的吗？"

老水牛摇摇头："我没看见，我是听野猪说的。他说呀，那只妖怪已经吃了 1000 只小动物了。"

狗大宝吓得跳了起来："啊？吃了 1000 只小动物，这真是太可怕了！"

狐小妹不大相信，她又问："是野猪伯伯亲眼看见的吗？"

"这个嘛，我就不知道了，要不，你们自己去问问他吧。"

老水牛说着，就把那两块木板扛走了。

狗大宝挠挠头："现在怎么办？"

狐小妹想了想，说："反正也过不去了，我们不如去问问野猪伯伯吧,看这事到底是不是真的?"

于是,他们就来到了野猪家,野猪正在院子里围篱笆。

狐小妹连忙上前问:"野猪伯伯,听说有个妖怪专门抓小动物吃,这是真的吗?"

野猪重重地点了点头:"这是千真万确的事,整整100只小动物被那个妖怪吃了,真是惨啊!"

"这是您亲眼看见的吗?"

"没有,我是听黄鼠狼说的。"

狐小妹说:"那咱们再去问问黄鼠狼大哥吧。"

他们找到了黄鼠狼,黄鼠狼正在修大门。

狐小妹过去问:"黄鼠狼大哥,听说有个妖怪专门抓小动物吃,这是真的吗?"

黄鼠狼回答说:"这是千真万确的事,整整10只小动物被那个妖怪吃了,真是惨啊!"

"这是你亲眼看见的吗?"

"没有,我是听狸猫说的。"

他们又找到了狸猫,狸猫正在加固窗子,狐小妹上前问:"狸猫大婶,听说有个妖怪专门抓小动物吃,这是真的吗?"

狸猫说:"这是千真万确的事,有只小动物就是被那个妖怪吃掉的,真是惨哪!"

"这是您亲眼看见的吗?"

"没有,我是听小鹿老师说的。"

最后,他们又来到小鹿老师家,小鹿老师正在练跳舞。狐小妹又问道:"小鹿老师,听说有个妖怪专门抓小动物吃,这是真的吗?"

小鹿老师诧异地反问道:"你这是听谁说的呀?"

"这事儿不是你告诉狸猫大婶的吗?"

冒牌校长

"哦,你是说这事啊!"小鹿老师笑呵呵地从房间里拿出一只绣花鞋,"是这么回事,我在河对岸捡到了这只鞋,就开玩笑地对狸猫大婶说,'有只小动物被妖怪吃了,瞧,吃的只剩下一只绣花鞋了。'没想到她还真信了,哈哈!"

小 知 识

　　10 个 1 等于 10,10 个 10 等于 100,10 个 100 等于 1000……像这样满 10 进 1 的方法叫作十进制。十进制是中国古代的一大发明。早在商代时,中国人就已经学会用一、二、三、四、五、六、七、八、九、十、百、千、万等十三个数字,记十万以内的任何自然数。它是当时全世界最先进、最科学的记数方法,对世界科学和文化的发展起到了不可估量的作用。

24. 狐小妹的妙计

狗大宝叫了起来："原来是开玩笑啊！那既然没有妖怪，我们还是继续去找小咩咩吧。"

狐小妹想了想说："今天已经好晚了，我看还是明天再去找她吧。"

他们从小鹿老师家出来，天已经完全黑了。当快要走到三岔路口时，狐小妹眨了眨眼睛，突然问："狗大宝，你这么晚回去，你爸爸妈妈会不会骂你呀？"

狗大宝叹了一口气："唉，这么晚回去，挨骂是免不了的，弄得不好，还会被爸爸揍一顿呢。"

狐小妹同情地说："哦，你真可怜！不过，我有一个好办法，非但不会让你爸爸妈妈打你、骂你，而且还会表扬你。"

狗大宝眼睛一亮，忙问："是什么好办法？快教教我。"

狐小妹说："我这个办法就藏在一个故事里，等你听完故事，你就知道该怎么办了。"

"是什么故事？你快说，你快说！"狗大宝简直是迫不及待了。

狐小妹边走边说："我的这个故事可有趣了，说的是一只小白狗。有一天，他妈妈买了 8 个苹果，对他说，乖儿子，如果你能把这 8 个苹果放进那 5 个袋子里，保证每个袋子里的苹果都是双数，我就把这些苹果都奖励给你吃。小白狗听了很高兴，便马上去放了起来……"

冒牌校长

狗大宝笑呵呵地打断说："这么简单，连我都会。"

狐小妹故意说："哦，你也会？那你就来试试看。"

"每个袋子里各放2个苹果不就行了。"狗大宝想当然地回答道。

狐小妹笑嘻嘻地说："可是每个袋子里各放2个苹果，最后还多1个袋子呀！要知道，8个苹果只能放4个袋子。"

狗大宝挠了挠头："喔，我忘了是5个袋子，那你让我再想想。"

狐小妹点点头："好，你尽管想吧，不过别停下来，要一边走一边想才行。"

狗大宝想了好长时间也没有想出来，只好说："还有1个袋子就是用不上啊！"

"嘻嘻，还是让我来告诉你答案吧，我先在每个袋子里各放2个苹果，这样就已经用了4个袋子，然后再把那4个袋子放进最后1个袋子里，这样不就行了吗？"

狗大宝听了，佩服地说："狐小妹，你真聪明，连这种办法都想得出来。"

狐小妹笑了笑说："好了，我已经到家了，谢谢你送我回来。"

狗大宝大吃一惊："啊！我怎么到你家来了？"

狐小妹掩着嘴笑道："是你自己想听故事，结果就不知不觉地跟到我家来了。"

狗大宝见狐小妹正准备进屋去，连忙叫道："哎，你还没教我办法呢！"

"你送女同学回家，还顺便学习了数学知识，这不就是好办法吗？回去把这些事告诉你爸爸妈妈，我保证他们会夸奖你。"

狐小妹说完，便嘻嘻哈哈地跑进了自己的屋子，留下狗大宝还站在门口发愣。

数学小博士

今天我们来学习单数和双数，一个物体是单数，如一张嘴，一个鼻子；两个物体是双数，如两只手，两条腿；超过两个以上的物体，我们就两个两个去数，数到最后有剩下的就是单数，如 3、5、7、9 等；数到最后没有剩下的就是双数，如 4、6、8、10 等；0 表示 1 个也没有，所以它既不是单数，也不是双数。

请写出 20 以内的所有单数和双数。

我来试一试

冒牌校长

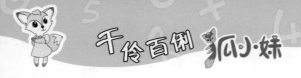

25. 别理我，烦着呢

第二天早上，狐小妹刚走进教室，狗大宝就兴冲冲地迎上来说："狐小妹，狐小妹，告诉你个好消息，小咩咩没有失踪，她是被校长送到她外婆家去了。"

狐小妹淡淡地说："小咩咩去她外婆家，关我什么事？"

狗大宝奇怪了："怎么不关你的事？你不是和我一样，一直都在担心她吗？"

狐小妹没好气地说："你是你，我是我，别乱扯关系！"

"狐小妹，你怎么啦？好像不大开心似的？"狗大宝觉得狐小妹今天怪怪的。

"别理我好不好？烦着呢！"狐小妹显得很不耐烦的样子。

好朋友越是爱理不理的，狗大宝便越是想问个明白："狐小妹，你到底在为什么事不开心啊？快告诉我，说不定我能帮助你呢！"

狐小妹摇摇头说："这个忙你帮不了。"

狗大宝拍着胸脯说："帮不了我也要帮，我爸爸说了，为朋友就该两力插刀。"

狐小妹"扑哧"一声笑了出来，纠正说："不是两力插刀，是两肋插刀。"

狗大宝见狐小妹笑了，得意地说："你看，我还没帮忙呢你就已经乐了，要是我真正帮起忙来，保证能让你的烦恼通通飞到九屑云外去。"

狐小妹叹了一口气："唉！是九霄云外，不是九屑云外，真受不了你！算了，既然你这么想帮我，那我就告诉你吧。昨天晚上为了找小咩咩，我回家晚了，爸爸就说要出道难题来惩罚我。"

狗大宝好奇地问："是什么难题？难道你这么聪明也做不出来吗？"

"唉，你不知道，爸爸叫我今天晚上放学回家后，给那个正方形花园的每条边各种上1棵树，但只给了我2棵树苗。"

狗大宝挠了挠头："四方形有4条边，如果每条边上都种1棵树，那至少得4棵树苗，只给2棵树苗怎么够呢？"

"怎么不够？你来看，"狐小妹掏出纸和笔，沙沙沙地把草图画了出来，然后指着说："这样不就行了吗？"

狗大宝凑上去一看，不解地问："你干吗把树苗都种在角上啊？"

狐小妹解释说："种在角上，1棵树苗就能当作2棵用呀！你看，种在左上角的树苗，它既可以当作是上面那条边上的，又可以当作是左边那条边上的；而种在右下角的那棵树苗，它既可以算成是下面那条边上的，也可以算成是右边那条边上的，这样一来，4条边上不是都有1棵树了吗？"

狗大宝一听，越发糊涂起来："你不是已经解出难题了吗？那为什么还不开心呀？"

冒牌校长

狐小妹："爸爸叫我给那个正方形花园的每条边各种上1棵树，但只给了我2棵树苗。"

狗大宝："我先去关注一下《金题总动员》，过会再帮解你这道题目。"

数学小博士

在任何图形中,一个角都是由两条边组成的,人们有时会把处在角上的数量重复计算,也就是说1个被算成了2个,2个被算成了4个,4个被算成了8个等,所以在实际计数中,我们就要把重复计算的那部分减掉,这样才能得出正确的数字。

请用2棵树苗,在一个三角形花园的3条边上,各种上1棵树苗,你能办到吗?(注意:每条边只能种1棵树苗,不能少也不能多。)

冒牌校长

26. 老鹰捉小鸡

狐小妹气嘟嘟地说："还不是那个小咩咩害的！我为了找她而被爸爸责罚，可她倒好，去外婆家连个招呼也不打，害得我白担心一个晚上。要不是刚才斑马老师告诉我，我还被蒙在鼓里呢！"

狗大宝好笑起来："哦，原来你是为这个生气呀！不过你即使没有碰到斑马老师，我也一样会告诉你的嘛，有什么好生气的？呵呵！"

狐小妹气愤地说："一个走了也不跟我打招呼，一个到现在还在记恨我，我到底招谁惹谁了，干吗都那样对我？"

狗大宝见狐小妹眼圈红红的，好像要哭出来的样子，连忙说："别哭，别哭，我……"

"谁哭啦，为她们俩哭，才不值得呢，哼！"

狐小妹倔强地咬着嘴唇，使劲不让眼泪流出来，可眼泪反而不听话地流了下来，于是她用力把想要帮她抹眼泪的狗大宝推开，干脆趴在桌子上哭了起来，惹得同学们都纷纷往这边看。

有几个女同学以为是狗大宝欺负了狐小妹，都叫喊着要扑上来围攻他。狗大宝本来还想说几句安慰话，一看这情形，赶紧脚底抹油——溜了。

"我要怎么做才能使兔宝贝跟狐小妹和好呢？"这个问题让狗大宝琢磨了整整一个上午，到快要吃午饭时，终于被他想出了一个自认为是好得不能再好的办法。于是，在中午休息时，他乐颠颠地去找兔宝贝："嗨！兔宝贝，我们来玩老鹰捉小鸡，好吗？"

兔宝贝问："就我们两个人，怎么玩呀？"

狗大宝说："我去叫猪小呆来。"

兔宝贝摇摇头："三个人太少了，玩起来没劲！"

狗大宝趁机说："那我再去叫狐小妹吧。"

兔宝贝把长耳朵一甩："你要是叫她来，那我就不参加了。"

狗大宝劝道："大家都是好朋友，老记仇干吗？"

兔宝贝否认说："谁记仇啦？我只是现在没心情玩了，你们自己去玩吧。"

"要是没有你参加，那玩起来才真的没意思了。你就看在我的面子上，一起玩一会，好不好？好不好啊？"

狗大宝又是捧又是求，兔宝贝被缠不过，只好说："你一定要我参加也可以，不过你得先回答我一个问题。"

狗大宝一看有转机，马上问："是什么问题？你快说！"

"我的问题很简单，就是有 12 只小动物在一起玩老鹰抓小鸡，扮演老鹰的狗大宝已经抓到了 9 只小鸡，请问：他还要再抓几只小鸡才能赢？"

兔宝贝说完，得意洋洋地望着狗大宝，心想：这回你该知难而退了吧？

数学小博士

12 只小动物玩游戏，去掉老鹰自己和母鸡，扮演小鸡的有 10 只，既然已经抓到 9 只了，那当然只要再抓 1 只就赢了。

冒牌校长

转学第一天，一位同学悄悄对另一位同学说："我刚才点了一下，我们的新班级里有 19 名男同学和 20 名女同学。"另一位同学说："不对，你数错了，我们的新班级里有 20 名男同学和 19 名女同学。"可事实上他们都数错了，你知道这是怎么回事吗？

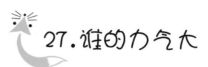

27. 谁的力气大

狗大宝嘀咕道："一共有 12 只小动物在做游戏,我已经抓住了 9 只小鸡,12-9 = 3(只),哈哈,只要再抓 3 只小鸡我就赢了。"

兔宝贝哈哈大笑起来："你连自己和母鸡也抓呀?"

狗大宝猛然醒悟过来："哦,我忘了,自己和母鸡是不用抓的,那我只要再抓 1 只小鸡就行了。"

兔宝贝两手一摊,说:"既然你没有答对,那只好请便吧。"

狗大宝不甘心,忙说:"刚才是我粗心大意,如果再来一次,我保证不会再犯这种错误。"

兔宝贝觉得耍弄一下狗大宝也挺好玩,想了想说:"老是做题也没意思,不如我们来比比力气吧。"

"啊,比力气?那你肯定不是我的对手!"狗大宝把袖子一撸,露出一块小小的肌肉来。

兔宝贝笑了笑:"那可不一定,不信,我们来比赛扔纸片,看看到底谁扔的远。"

"好好,我先扔。"

狗大宝从练习簿上撕下一张纸,用手指捏着,抢了两圈后使劲往前扔去。可是纸片儿轻飘飘的,一点儿也不受力,这时又正巧吹过一阵风,反而把它吹到身后去了。

兔宝贝见状,掩着嘴"嗤嗤"地笑,狗大宝不服气地说:"你笑什么? 有本事你扔给我看看。"

冒牌校长

"扔就扔！"

兔宝贝从地上把纸片儿捡起来，把它揉成一团，只随手那么一丢，小纸团便飞出去四五米远。

狗大宝一看傻眼了，讷讷地说："这么简单，我怎么没想到呢？"

兔宝贝笑着说："这算什么呀？我要是用另外两种方法，肯定能扔得更远。"

狗大宝不相信："你少吹牛了。"

"你不信，好，我再扔给你看。"

兔宝贝这次把纸片儿折成了一架纸飞机，折好后往前轻轻一送，纸飞机便飞了起来，一直飞到门边上才落地。

狗大宝看得一愣一愣的，过了好半晌才问："还能扔得更远吗？"

兔宝贝得意地说："当然行了，你先去把纸飞机捡回来，然后到外面去捡块小石子给我，有核桃那么大小就行了。"

狗大宝不解地问："捡小石子干吗？"

"哎呀，叫你捡你就去捡嘛！"

狗大宝见兔宝贝不耐烦了，赶紧去把纸飞机捡了回来，又急急忙忙地跑到外面去找小石子。不一会儿，像核桃那么大小的小石子也捡来了。

兔宝贝先把纸飞机拆开，再把小石子用纸片儿包好，然后对着窗外使劲一扔。只见包着小石子的小纸团"呼"的一声，竟像一颗小流星似的，快速地飞出了窗子。

狗大宝刚想拍手叫好，不料外面突然有人大叫一声："哎哟！是谁砸我脑袋？"

 **狐小妹讲笑话**

　　蚂蚁爬到大象的鼻子上说:"我比你强大!"大象问:"何以见得?"蚂蚁说:"我能背起比自己重很多倍的物体,而你却不能。"大象一听有道理,刚想表示一下敬意,却由于鼻子痒痒,忍不住打了个喷嚏,结果就把蚂蚁吹得无影无踪了。

冒牌校长

28.猜名次，有奖励

兔宝贝听见叫声，连忙探出头去张望，发现窗外有只年轻的山羊，正背着身子在揉后脑勺。她觉得挺好玩，冲他做了个鬼脸。不提防山羊正好转过身来，吓得她赶紧把脑袋缩了回来。

正在这时，上课铃响了。不一会儿，斑马老师走了进来，大家正觉得奇怪——这又不是数学课，斑马老师来做什么呢？

斑马老师看了看下面，见大家一脸的狐疑，笑笑说："教你们体育的羚羊老师生病了，今天由我来给你们上体育课。"

她扶了扶眼镜，接着说："再过几天，学校里要举办低年级学生的长跑比赛了，同学们，你们想不想争取好名次，为班级争光呀？"

小动物们异口同声地回答："想——！"

"可是，学校里规定每个班级只有两个名额，所以我们得让班级里跑得最快的两名同学去参加，现在请你们推举一下，哪两位同学是我们班级里跑得最快的，好吗？"

小白狼马上站起来："老师，我跑得最快了，我可以推荐自己吗？"

斑马老师点了点头："当然可以，说明对自己有信心嘛，嗯，第一个就是你了！"

狗大宝马上站起来反对："小白狼还没有我跑得快，他没有资格，应该让狐小妹参加，她跑得可快了。"

斑马老师说："好，那另一个就是狐小妹吧。"

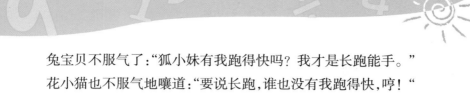

兔宝贝不服气了："狐小妹有我跑得快吗？我才是长跑能手。"

花小猫也不服气地嚷道："要说长跑，谁也没有我跑得快，哼！"

斑马老师有点为难："名额只有两个，你们四个没法都参加呀！"

猪小聪提议说："老师，您不如让他们出去比一比，谁赢了就让谁参加！"

斑马老师夸奖道："嗯，猪小聪的提议很好，应该予以采纳。好，小白狼、狐小妹、兔宝贝、花小猫，你们四个跟我一起到操场上去。"

狗大宝连忙问："那我们呢？是不是给他们加油助威去？"

斑马老师把脸一板："剩下的同学，都给我待在教室里做数学题！"

说完，就带着小白狼他们四个到操场上去了。

狗大宝沮丧地说："早知道这样，我也去参加比赛好了。唉，这下惨了。"

快到下课时，斑马老师带着小白狼他们回到了教室，她笑眯眯地说："同学们，经过紧张激烈的角逐，代表我们班级参加比赛的两名选手，现在终于产生了。不过，在公布名单之前，我要先考考大家，看有谁能猜出来？当然，对于全部猜中者，我可是有奖励的……"

斑马老师说到这，故意停顿了一下。大家本来都耷拉着脑袋，一听有奖励，马上又兴奋起来，纷纷问："老师，是什么奖励呀？"

斑马老师笑着说："奖励暂时保密，请同学们先听题：花小猫不是第一名，狐小妹跑在兔宝贝的前面，小白狼不是第四名，兔宝贝比小白狼先冲过终点。好了，题目已经出完，有谁能猜出他们的名次吗？"

斑马老师的话音刚落，狗大宝就霍地一下站起来说："老师，我知道！"

数学小博士

　　狐小妹跑在兔宝贝前面,说明狐小妹比兔宝贝快;兔宝贝比小白狼先冲过终点,说明兔宝贝比小白狼快;小白狼不是第四名,那么他只可能是第三名,花小猫不是第一名,那它只能是第四名。比赛的名次是:狐小妹第一名,兔宝贝第二名,小白狼第三名,花小猫第四名。

29.来了位新老师

　　动物们一听,都"哦"地叫了一声,斑马老师也不相信,不过她还是让狗大宝站起来回答。

　　狗大宝不慌不忙地说:"狐小妹第一,兔宝贝第二,小白狼第三,花小猫第四。老师,我猜得对不对?"

　　斑马老师赞许地点点头:"嗯,狗大宝同学真聪明,竟然全部答对了。"

　　狗大宝高兴地连翻两个筋斗,喜滋滋地问:"老师,你说过全部猜对就有奖励,请问,你要奖励我什么呢?"

　　斑马老师笑了笑说:"狗大宝同学真聪明!这句话就是我给你的奖励。"

　　狗大宝一听,顿时像泄了气的皮球:"啊!这也叫奖励?上老师的当了,呜——"

　　其他小动物见状,都幸灾乐祸地大笑起来。

　　第二节是语文课,大家早就听说语文老师家里出大事了,请了半个月的假,这些天将有一位新老师来给他们代课。所以上课铃声一响,大家就正襟危坐地等待着新老师的到来。

　　不一会儿,新老师就出现在了门口,几十双眼睛立即齐刷刷地扫了过去。兔宝贝一看,新老师居然就是那只被她用纸包小石子砸过脑袋,而且自己还冲他扮过鬼脸的山羊,顿时傻了眼。

　　"这下完蛋了,他一定不会饶了我!"兔宝贝把脑袋藏在课桌

冒牌校长

下，生怕被新老师发现，心还在怦怦地乱跳。

俗话说：越怕鬼越来！这话真没错，尽管兔宝贝拼命把头埋得低低的，可新老师还是发现了她并朝她径直走了过来。

兔宝贝心想："这下真的死定了，不知道他会怎样报复我？"可转念一想：反正躲也躲不掉，与其被吓死，还不如"死"得悲壮些。于是，就在山羊老师刚一走近身边时，她猛地抬起了头。

山羊老师冲她友善地笑笑，开口说："我们已经见过面了，我很高兴能教到你这么聪明的学生，希望以后我们可以成为朋友。"

"我……我……"兔宝贝感到很意外。

"这是怎么回事？"小动物们窃窃私语起来，"新老师为什么一进来就和兔宝贝讲话，他们是亲戚吗？"

只有狗大宝心里清楚是怎么回事，他也暗暗地为兔宝贝捏着一把汗，虽然现在新老师摆出一副既往不咎的姿态，可难保日后不会找她的麻烦。

"这件事也有我的错，不能全怪兔宝贝，我应该勇敢地站出来！"本来这句话狗大宝是在心里说的，可不知道怎么回事，它竟然调皮地从自己的嘴里溜了出来。

大家都吃惊地看着狗大宝，都不知道他在搞什么鬼。狗大宝也被自己的声音吓了一跳，他马上意识到：灾难可能要降临到自己的头上了。

正在这时，狐小妹突然站了起来，她装作一本正经的样子说："新老师，听说您很有学问，那么您能不能告诉我——什么东西说它大数它最大，说它小又数它最小？"

山羊老师想了想，回答说："最大的应该是宇宙，最小的，嗯，应该是尘埃吧。"

狐小妹马上否定说："哈哈，老师，您答错了，既是最大又是最小的是数字,因为数字可以表示无穷大,也可以表示无穷小,而宇宙和尘埃却不是同一样东西。"

数学小博士

　　物体有多大,表示它的数字就有多大;物体有多小,表示它的数字就有多小;个数有多少,表示它们的数字就有多少。所以无论大小和多少,都可以用数字表示出来。数字没有最大和最小,因为它既是无穷大的,也是无穷小的。

冒牌校长

30.丢手绢事件

山羊老师发现小动物们都在捂着嘴"咻咻"地笑,觉得很尴尬,便干笑两声,故意转换话题说:"今天是我第一次来给你们上课,为了使大家都有个良好的开端,我决定,咱们先来做个游戏,你们说好不好?"

小动物们一听,都欢呼雀跃起来。

小白鹅仰着头问:"老师,你让我们做什么游戏呢?"

山羊老师回答说:"当然是好玩的游戏,咱们一起来丢手绢,如果手绢落在谁身上,就让谁表演一个节目,好不好?"

小动物们齐声说:"好——"

山羊老师掏了掏口袋,又耸了耸肩膀:"真遗憾,我今天竟然忘带手绢了,你们谁有手绢? 先借用一下。"

花小猫马上举手说:"老师,我有一条好漂亮的花手绢! 不过,您得保证,千万别把它弄坏了。"

山羊老师微笑着说:"别担心,我保证会完好无损地还给你。"

于是,花小猫就放心地把花手绢交给了山羊老师。

游戏刚进行到一半,山羊老师被绵羊校长匆匆叫走了。下课后,花小猫想找回自己的花手绢,便挨个去问:"小熊猫,是你拿了我的花手绢吗?"

小熊猫说:"本来是在我这儿的,后来被小白鹅拿走了。"

花小猫又去问小白鹅:"小白鹅,我的花手绢在你这儿吗?"

游戏结束后，花小猫想找回自己的花手绢，便挨个去问，大家都说自己没拿。手绢到底在哪里？请关注《九优数学故事汇》，在故事里你会找到很多的解题思路。

小白鹅连忙否认说："我没拿过你的花手绢，你去问问小白狼吧。"

　　花小猫又找到了正在吹牛的小白狼："小白狼，你有没有拿我的花手绢呀？"

　　小白狼瞪着眼睛说："我才不会拿你的破手绢呢，快走开！"

　　花小猫非但没有找回心爱的花手绢，反而被小白狼一凶，顿时伤心地哭了起来。

　　猪小聪知道花手绢在谁身上，他很想帮助花小猫，可他又不敢得罪人家，只好悄悄地说："花手绢就在他们三个当中，刚才他们有两个说了假话，只有一个说了真话。"

　　花小猫听得有些糊涂，说："你就不能直接告诉我吗？"

　　猪小聪摇了摇头："我可不想自找麻烦，你要是实在想不出来，就去找狐小妹吧。"

　　说完，低着头溜出了教室。

　　花小猫没办法，只好去找狐小妹。狐小妹听了，想了一会儿，便附在花小猫的耳边小声说："我已经知道花手绢在谁身上了，但是你直接去问，他肯定不会承认。不如这样吧，我来想个办法，让他自己乖乖地掏出来。"

数学小博士

　　这个可以用假设法来做,我们先假设花手绢在小熊猫身上,那小熊猫说的就是假话,小白鹅说的是真话,小白狼说的也是真话,这样就成了两句真话一句假话,证明这个假设不成立;再假设花手绢在小白鹅身上,那小熊猫说的是真话,小白鹅说的是假话,小白狼说的也是真话,又是两句真话一句假话,证明这个假设也不成立;最后假设花手绢在小白狼身上,那小熊猫说的就是假话,小白鹅说的是真话,小白狼说的也是假话,两句假话一句真话,证明这次的假设是成立的。答:手绢在小白狼身上。

冒牌校长

31.隔衣猜物

花小猫问:"你有什么好办法呀?"

狐小妹诡秘地一笑:"你就看我的吧!"

狐小妹走到小白狼面前,笑嘻嘻地说:"小白狼,我能隔着衣服看到你口袋里的东西,信不信?"

小白狼哈哈大笑:"狐小妹,你比我还会吹牛啊!"

狐小妹认真地说:"我就是能看到你口袋里的东西,不信,我们来打个赌。"

"好,你说,赌什么?"小白狼才不相信。

狐小妹说:"要是我说错了,明天就带一包巧克力给你,可要是我说对了呢?"

"你要是说对了,我……我就给你带两个大苹果!"小白狼心想:那两个大苹果早就到我的肚子里去了,哪里还会有你的份?嘿嘿!

"说话要算数,不许赖!"

"不赖,不赖,你快说吧,我口袋里有什么?"

狐小妹假装对着小白狼的口袋看了又看,瞧了又瞧,然后点点头说:"你的口袋里有许多玻璃弹珠,对不对?"

小白狼连忙耍赖:"没有,没有,你说错了,我里面装的不是玻璃弹珠。"

狐小妹不依道:"不许赖,你掏出来给我看。"

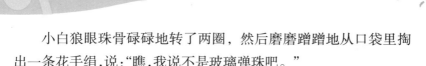

　　小白狼眼珠骨碌碌地转了两圈，然后磨磨蹭蹭地从口袋里掏出一条花手绢，说："瞧，我说不是玻璃弹珠吧。"

　　狐小妹趁他不备，忙一把抢了过来："快拿来吧，嘻嘻。"

　　小白狼急了，嚷道："你干吗抢我的东西？快还给我！"

　　狐小妹把花手绢展开来扬了扬："这么漂亮的花手绢，怎么可能是你的呢？这明明就是花小猫的嘛！"

　　小白狼见被狐小妹拆穿了，只好找借口："这是花小猫的没错，我只是拿来玩玩的，这不，我正想去还给她呢！"

　　狐小妹笑了笑说："既然这样，那我现在就帮你去还给她吧。"

　　"哎，等等，你已经输了，明天别忘了带一包巧克力来啊！"小白狼想浑水摸鱼。

　　狐小妹指着他那鼓鼓囊囊的口袋："你的口袋里明明就是装了许多玻璃弹珠呀！你别耍赖，敢不敢让我自己来掏？"

　　小白狼知道蒙不过去，便又转了转眼珠说："狐小妹，那你说说我这口袋里有多少颗玻璃弹珠？你要是说对了，我才真正服你。"

　　狐小妹想了想："要我说出来其实也很容易，但是有一个条件，你得把玻璃弹珠的总数先加上 10，再减去 15，再加上 7，然后你把最后的得数告诉我，我就能说出你的口袋里到底有多少颗玻璃弹珠了。"

　　小白狼一听，马上去算了起来，算了好一会儿，才说："最后的得数是 13。"

　　狐小妹笑嘻嘻地说："原来你口袋里有 11 颗玻璃弹珠呀，还真不少呢！好了，我先把手绢还给兔宝贝去，你明天别忘了带苹果来哦！"

数学小博士

这道题目可以用倒推法，我们先用最后的得数 13 减去 7,再加上 15,再减去 10,即：13−7+15−10＝11(颗)，答：总数有 11 颗玻璃弹珠。

把一个数,先减去 11,再加上 5,再加上 4,再减去 2,最后等于 7,请问这个数是几?

我来试一试

32. 一只小木船

　　狐小妹拿着花手绢,返身去找花小猫,可奇怪的是:花小猫竟然不在教室里。

　　"花小猫呢? 她哪儿去了? "狐小妹大声问。

　　小白鹅回答说:"刚才山羊老师把她叫走了。"

　　"山羊老师叫她有什么事? "

　　"这我就不知道了。"

　　狐小妹把花手绢整整齐齐地叠好,自言自语地说:"那我等一会再还给她吧。"

　　可是,第三节课上课时,花小猫并没有回来,第四节课上课时,花小猫也没有回来,一直到放学后,还是不见花小猫回来。狐小妹觉得很奇怪,便约狗大宝一起去办公室找山羊老师。然而,斑马老师却告诉他们,山羊老师有事先走了。

　　从办公室里一出来,狗大宝就忍不住问:"山羊老师把花小猫带到哪儿去了? "

　　"这个山羊老师有点怪怪的,他带走花小猫干吗呀? "狐小妹有一种不祥的预感。

　　"我也搞不懂,不如我们直接到山羊老师家去看看吧。"狗大宝提议说。

　　狐小妹为难地说:"可是,我并不知道他住在哪儿呀? 你知道吗? "

冒牌校长

狗大宝挠挠头:"我也不知道他家住在哪儿?"

"我能找到他。"突然有人插了一句。

狐小妹回头一看,见兔宝贝正笑吟吟地站在走廊下,便高兴地说:"兔宝贝,你不生我的气了?"

兔宝贝回答说:"我本来就没生你的气嘛,嘻嘻。"

狗大宝双手合十:"哦,谢天谢地,你们总算和好了。"

兔宝贝推了推狗大宝:"哎,有件事我一直觉得很奇怪,你怎么会知道我们的比赛名次?你当时并不在现场呀!"

狗大宝笑呵呵地说:"你们出去后没多久,我就假装去上厕所,其实是悄悄地躲在角落里,偷偷看你们在操场上跑了一圈又一圈,等到你们跑完了,我才神不知鬼不觉地溜回了教室。"

兔宝贝笑着说:"怪不得你知道得这么清楚,原来是在当探子呀!"

狐小妹也笑了一会儿,问道:"兔宝贝,你说你能找到山羊老师,这是怎么回事呀?"

兔宝贝说:"刚才我也去过办公室,顺便还向斑马老师要了山羊老师家的地址,他家就住在东面的山坳里。"

狐小妹夸奖道:"你想得真周到,那我们就一起去吧。"

三只小动物说说笑笑地往东边走去。不一会儿,他们又来到了那条小河边。狗大宝望着河对岸说:"这里的桥被老水牛伯伯拆掉了,我们过不去。"

狐小妹想想不对劲,说:"既然没有桥,那山羊老师又是怎么过去的呢?"

兔宝贝突然往北一指,兴奋地说:"你们快看!那里有一只小木船。"

大家连忙跑过去,刚想上船,却见船上贴着一张大大的纸条,上面写道：注意！此船限载 16 千克。

兔宝贝为难地说："狗大宝重 9 千克，狐小妹重 8 千克，我重 7 千克，加起来一共有 24 千克，超重了呀！"

附：狐小妹的求援信

亲爱的小朋友：

你好！今天我们碰到了一个大难题，就是怎样用那条小船把我们三个都渡过去？狗大宝数学不行，指望不上，兔宝贝也说做不出，而我又正好处于"思维短路中"，所以我们三个都没能想出办法来。聪明的小朋友，你愿意帮我们想想办法吗？

你的新朋友：狐小妹

33.路遇怪猩猩

狗大宝说:"不如你们先过去吧。"

兔宝贝问:"如果我们把船开到对面去了,你怎么办呢?"

狗大宝想了想:"那就让我先过去吧。"

兔宝贝又问:"可是你过去了,我和狐小妹就过不去了呀!"

狗大宝两手一摊:"这就难办了,看来我们三个中顶多只能过去两个。"

狐小妹闭着眼睛想了好一会儿,突然睁开眼睛大叫一声:"嘿!我有办法了。"

狗大宝连忙问:"有什么办法?"

狐小妹卖起了关子:"我有两个办法,一个办法很简单,还有一个办法很复杂,你想听哪一个?"

狗大宝不假思索地说:"当然是听简单的那个啰。"

"简单的就是:我和兔宝贝两个先上船,然后——"说到这里,狐小妹故意拖长了声音。

狗大宝着急地问:"然后怎么样?"

狐小妹往河里一指:"然后你就跳进水里去帮我们推船,这样不就全过去了吗?"

兔宝贝一听,哈哈大笑起来。

狗大宝摇摇头:"这不行,我可不敢把衣服弄湿。"

兔宝贝取笑说:"嘻嘻,是怕被你爸爸打屁股吧,不过你别急,你可以把衣服脱下来放在船上,让我们帮你带过去不就行了。"

狗大宝把头摇得像拨浪鼓:"不干,不干,我才不光屁股呢!"转头对正笑得前仰后合的狐小妹说:"算了,你还是说说那个复杂的办法吧。"

狐小妹又笑了好一会儿才忍住,说:"那个复杂的办法得分两次:第一次,我和兔宝贝先划船过去,然后我留在对岸,兔宝贝单独划船回来;第二次,回到这边后,兔宝贝和你一起划船过去。"

狗大宝一听,叫道:"哦,怎么这么麻烦啊!"

狐小妹笑嘻嘻地说:"如果你嫌麻烦的话,那我们就采用第一个办法吧。"

狗大宝连忙说:"喔,那还是用第二个办法好了。"

他们过了河,又往前走了一段路,来到一个三岔路口。

狐小妹往两边看了看,不知道该走哪边,问道:"兔宝贝,我们该走哪条路呀!"

兔宝贝甩着两只大耳朵:"我也不知道呀!"

狗大宝往左边一指:"快看!那棵树上有一只奇怪的大猩猩。"

"什么奇怪的大猩猩?"

狐小妹一边问一边往狗大宝所指的方向看去,只见在路边的一棵大树上,有一只大猩猩正在挠痒痒。奇怪的是,他的身子很小,脑袋却很大,怪不得狗大宝说他是一只怪猩猩。

附:狐小妹的感谢信

亲爱的小朋友:

你好!多亏了你的提示,我才想出这两种过河的办法。为了表示我对你的感谢,特地奉上智慧果一颗,祝愿你吃了智慧果后,学习更进步,游戏更轻松!

你的好朋友:狐小妹

千伶百俐 狐小妹

有 25 名解放军叔叔要用一条小船过河,已知这条小船每次只能载 5 名解放军叔叔,请你帮他们想想,一共需要渡几次才能全部过河?

 我来试一试

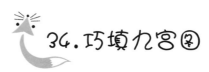

34.巧填九宫图

狐小妹说:"不如我们去问问他吧。"

兔宝贝积极地说:"让我去,让我去!"

说完,蹦蹦跳跳地跑过去问:"喂!怪猩猩叔叔,我想问问你,山羊老师的家该往哪边走?"

怪猩猩把怪眼一翻,说:"我只给聪明人指路,你是聪明人吗?"

兔宝贝自信地说:"那你快给我指路吧,我就是聪明人。"

怪猩猩嘿嘿笑道:"是不是聪明人可不是你自己说了算的。"

兔宝贝问:"那得谁说了算呢?"

怪猩猩指着地上的一幅图说:"如果你能把1—9这九个数字填入那些小格子中,使所有的横、竖、斜的三个数字加起来都等于15,那么我就承认你是聪明人。"

兔宝贝往地上一看,见是一个大正方形,里面被分成了九个小正方形,如图:

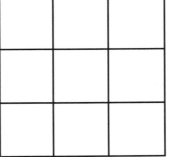

她想:不就是每个格子里填一个数字嘛,这有什么难的。于是,她捡了根树枝,沙沙沙地填了起来,填好后把树枝一扔,说:"你瞧,我已经填好了。"

怪猩猩大吃一惊:"你这么快就填好了?"

兔宝贝得意地说:"因为我是聪明人嘛,当然填得快啰!"

怪猩猩狐疑地往地上一瞧,不由得笑了起来:"你自己瞧瞧,除了横的三个数字加起来都等于 15 以外,竖的和斜的三个数字没几个加起来是等于 15 的。"

2	6	7
1	5	9
8	4	3

兔宝贝不信,去验算了一下,见果然是错的,只好把数字擦掉了重来。当她第二次喊好了时,怪猩猩又笑着说:"这次竖的行了,可是横的和斜的仍然不对。"

兔宝贝只好再一次擦掉了重填,结果还是错。在连着几次都失败后,她急得满头大汗,只好大声喊:"狐小妹,我碰到大难题了,你快来帮忙呀!"

狐小妹和狗大宝在那边等得正着急,这时听见兔宝贝喊,急忙跑了过来。

狐小妹问明情况后,仔细地在图形的边上排起了算式:1+5+9=15;1+6+8=15;2+4+9=15;2+5+8=15;2+6+7=15;3+4+8=15;

3+5+7=15；4+5+6=15。

　　狗大宝越看越奇怪，忍不住问："狐小妹，你不往空格里填数字，排这么多没用的算式干吗？"

　　狐小妹回答说："我只有先把三个数字加起来等于 15 的所有算式排出来，才能确定哪个空格里该填哪个数字呀！"

　　狗大宝摇了摇头："不懂！"

　　狐小妹没好气地说："不懂你就看着吧！"

　　说完，又低着头边数边排起来：在这些算式中，1 出现了两次，2 出现了三次，3 出现了两次，4 出现了 3 次，5 出现了 4 次，6 出现了 3 次，7 出现了 2 次，8 出现了 3 次，9 出现了 2 次。

　　看狐小妹排得起劲，兔宝贝也越看越迷糊，忍不住问："狐小妹，你到底会不会填呀？"

　　狐小妹笑了笑说："大功基本告成了。"

　　狗大宝指着图形说："可是你一个数字都还没填呢？"

　　狐小妹一边快速地往格子里填数字一边笑着说："你们瞧，这不就好了吗？"

2	9	4
7	5	3
6	1	8

冒牌校长

千伶百俐 狐小妹

数学小博士

在狐小妹排出来的所有三个数字加起来等于 15 的算式中,5 是唯一出现了四次的数字,所以应该填在中间的格子里;2、4、6、8 这四个数字都出现了三次,就把它们分别填在四个角上的格子里;1、3、7、9 这四个数字都只出现了两次,把它们分别填入剩余的四个格子里,再适当做下调整,这样,就可以轻易地使所有的横、竖、斜的三个数字加起来都等于 15 了。

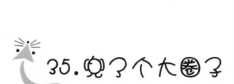

35.绕了个大圈子

怪猩猩盯着图形看了又看，算了又算，终于心悦诚服地说："哦，果然是横、竖、斜的所有三个数字之和都等于十五，你真是太聪明啦！要知道，这幅九宫图我已经研究好几年了，又请教了别人好几年，一直都没能解出来。"

兔宝贝好奇地问："什么九宫图？你指的就是这个吗？"

怪猩猩点点头："对，这个奇妙的图形就是九宫图，也叫洛书，传说这还是远古时期的一只神龟发明的呢！"

狗大宝插嘴说："神龟也会做数学题，这真好玩！"

狐小妹往西边望了望，皱着眉头说："别好玩不好玩了，太阳都已经落山了，我们得赶紧去山羊老师家。哎，对了，兔宝贝，你问好路了吗？"

兔宝贝猛地一拍自己的脑袋："哎呀，我还没问呢！"连忙冲树上的怪猩猩说："怪猩猩叔叔，数字我们已经帮你填好了，现在你能不能告诉我们，去山羊老师的家该怎么走呀？"

怪猩猩笑眯眯地说："嗯，你们帮了我的大忙，我也应该帮帮你们。这样，你们先往南走 1 千米，再往东走 1 千米，然后往北走 1 千米，最后往西走 1 千米就到了。"

狐小妹一听，觉得有点不对劲，可她还没来得及细想，就被兔宝贝一推说："你发什么呆呀？天都快黑了，我们还是快点赶路吧。哦，对了，谢谢怪猩猩叔叔！"

冒牌校长

怪猩猩摆摆手："不用谢,祝你们旅途愉快,嘿嘿!"

三只小动物光顾着赶路,都没发现怪猩猩的脸上那奇怪的表情。当他们气喘吁吁地跑完 4 千米后,停下来一看,不禁都傻了眼——咦,怎么又回来了?

狗大宝挠着头说："是不是我们跑错路了?"

兔宝贝也怀疑说："可能是我们刚才跑得太急,中间拐错弯了吧?"

狗大宝说："那我们重新去跑一趟。"

说完,拔腿就要往前跑,狐小妹忙把他拉住说："你别急着跑,我们还是先来分析一下吧。"

兔宝贝不解地问："分析什么呀?"

狐小妹沉思了片刻,突然懊恼地叫了起来："哎呀,我们果然上当啦!"

狗大宝连忙问："什么,什么,我们上谁的当了?"

狐小妹跺着脚说："还会有谁? 当然是刚才给我们指路的那只怪猩猩呀!"

兔宝贝将信将疑地问："你的意思是说,他故意在给我们瞎指路?"

狐小妹气呼呼地说："他哪里是在瞎指路,明明是在故意耍我们,他的目的就是要我们白白兜一个大圈子!"

狗大宝和兔宝贝都惊讶地叫了起来："啊,有这么可恶!"

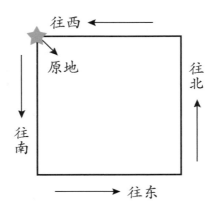

往西

原地

往北

往南

往东

数学小博士

往相反方向跑相同的距离,结果就会回到原地。我们来分析一下怪猩猩给兔宝贝他们指的路线:先往南走1千米,再往东走1千米,然后往北走1千米,最后往西走1千米。请注意:往东走1千米又往西走1千米,等于还在原地;往南走1千米又往北走1千米,结果还是在原地(见上图)。

小红先往左边跑了50米,又往右边跑了50米,你知道她现在离出发地有多少米吗?

我来试一试

冒牌校长

36.报数定输赢

"我找他算账去！"狗大宝气呼呼地要去找那只怪猩猩。

狐小妹叹了口气："唉，他肯定跑了，还是算了吧。"

"那我们现在该怎么办呢？"狗大宝发起愁来。

狐小妹考虑了一会儿："我看，还是仍然走南面那条路吧。"

"我觉得应该走北面那条路。"兔宝贝发表了不同意见。

狐小妹笑了笑说："我们刚才不就是从北面那条路过来的吗？还走北面干吗？"

兔宝贝反驳道："可我们一开始就是往南面那条路上跑的呀！"

"不！我感觉走南面是正确的，只要我们在另一个分岔口时不拐弯，而是仍然往前跑就有可能找到。"狐小妹试图说服同伴。

"不对，不对，还是走北边的好，一直往北走才是正确的。"兔宝贝固执己见。

狐小妹见说服不了兔宝贝，便问狗大宝："你说说看，我们应该往哪边跑？"

狗大宝一屁股坐在一块青石上，垂着头说："我不发表意见，还是你们俩决定吧。"

狐小妹想了想，说："不如这样吧，我们来抢三十，谁赢了就听谁的，好不好？"

兔宝贝好奇地问："怎么个抢三十，你能不能说说清楚呀？"

狐小妹解释说："我们两个轮流报数，每人每次只能报一个数

或者两个数,谁先抢到三十就算赢,明白了吗?"

兔宝贝点点头:"明白了,那让我先报吧,我报一。"

"二、三。"狐小妹不假思索地顺口接道。

"我再报四、五。"兔宝贝见狐小妹报了两个数,也报了两个数。

不料狐小妹却只报了个六。

兔宝贝想,你报一个数,我也报一个数吧,于是接了个七。狐小妹赶紧报八九……

当兔宝贝报出二十八时,狐小妹笑嘻嘻地说:"二十九、三十,你输了。"

兔宝贝不服气,说:"你这是设置好的,先报数的肯定输!"

狐小妹说:"那就重新来一次好了。"

兔宝贝马上说:"好,不过这次你先报。"

狐小妹爽快地答应:"行,那我就报一吧。"

兔宝贝想了想,报了个二,狐小妹笑嘻嘻地说:"你又输了。"

"才报了一次,你怎么就说我输了,别是糊我吧?"

狐小妹也不解释,直接报了个三,于是兔宝贝就接四、五,狐小妹报六,兔宝贝接七,狐小妹报八、九……报到最后,果然又是狐小妹赢了。

兔宝贝嚷嚷着要再来一次,狐小妹正要答应,狗大宝突然站起来说:"你俩别比了,看,连月亮和星星都出来了。"

冒牌校长

千伶百俐 狐小妹

数学小博士

抢三十游戏很好玩,我也常和小伙伴们玩,所以知道这里有个小窍门——因为每人每次可以报一个数或者两个数,所以你只要每次都抢到三的倍数就行了,如三、六、九、十二等。

就用这个抢三十的游戏去和小朋友们玩吧,看自己能赢几次?

我来试一试

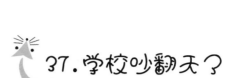

37.学校吵翻天了

狐小妹连奔带跑地找了大半夜,始终没能找着山羊老师的家,当然也没有找着花小猫。狐小妹心想:这样瞎找也不是个办法,还是坐下来好好商量一下吧。可当她回头想招呼狗大宝和兔宝贝时,才发现他俩根本没跟在身后。

"他俩到哪儿去了,该不会是回学校了吧?"狐小妹自言自语地说,"那我也回学校去看看,说不定花小猫也已经回学校了呢。"

这么一想,她便返身往学校的方向跑。跑到学校里一看,发现有许多家长正围着绵羊校长在争吵哭闹。这些家长有好多是狐小妹认识的,其中有花小猫的妈妈、小白鹅的妈妈、猪小聪的妈妈、兔宝贝的妈妈和狗大宝的爸爸等,而更让她觉得不可思议的是——在这些家长中,她竟然还发现了自己那已经过世的妈妈。

她连忙奔过去,一把抓住妈妈的手,激动地叫道:"妈妈,妈妈,我好想你啊!"

妈妈显得很惊讶,说:"你不是已经被山羊老师吃了吗?怎么又回来啦?"

狐小妹感到莫名其妙:"没有啊,我不是好好地站在这儿吗?"

妈妈一把抱住她,也激动地说:"回来了就好,回来了就好,走,咱们回家去!"

这时,狗爸爸连忙跑过来问:"小妹,你看见我家大宝了吗?"

兔妈妈也跑过来问:"还有我家宝贝呢?听说她和你一块儿去

千伶百俐 狐小妹

找花小猫的,怎么你回来了,我家宝贝却没有回来呢?"

狐小妹也觉得很奇怪,说:"本来我们是一起去找花小猫的,可不知怎么的,他俩突然不见了,我还以为他们回学校了呢!"

兔妈妈听了,顿时放声大哭起来:"那一定是被山羊老师吃了,我可怜的宝贝啊!呜呜哇哇……"

狗爸爸连连跺脚说:"我家大宝也一定出事了,不行,我得报警去!"

听见有人喊要报警,绵羊校长吓坏了,连忙说:"千万不能报警!千万不能报警!如果那样做,我们学校的声誉就毁了。"

狗爸爸责问道:"是学校的声誉重要,还是咱们孩子的生命重要啊?"

"对呀!对呀!能有什么比咱们孩子的命更重要啊?"家长们说着说着,又围着绵羊校长哭闹起来。

正在这时,狐小妹突然发现地上有一个用火柴排成的算式,她好奇地蹲下去研究,却听见有人在身后说:"狐小妹,你赢了我两次,现在也该输我一回了吧?

"狐小妹回头一看,兴奋地叫了起来,"啊,是兔宝贝!你没被吃掉呀?"

兔宝贝哀怨地说:"都怪你,害得我和狗大宝都被山羊老师吃了,我们再也不理你了!"

说完,把长耳朵一甩,扭头就走。狐小妹急忙追上去解释,不料

家长们怀疑狗大宝和兔宝贝被山羊老师吃了……想知道更多更有趣的故事吗？那就关注《九优数学故事汇》吧！

冒牌校长

千伶百俐狐小妹

一下子从床上滚了下来——原来是一场梦！

数学小博士

上面这个火柴游戏，只要移动其中的一根火柴，这个算式就成立了。那么怎么移呢？其实呀，你只要把加法中的一竖移到等于后面的"1"上面就行了，也就是把加法变成了减法，把等于后面的1变成了7，请见下图：

$$14-7=7$$

你能只移动一根火柴，使下面的算式成立吗？

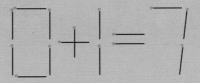

我来试一试

38.三人同梦

　　狐小妹背着书包,正心事重重地走在上学的路上。突然听见背后有人叫:"狐小妹,你等等我呀!"

　　狐小妹回头一看,不禁又惊又喜:"兔宝贝,你没事啊?"

　　兔宝贝气喘吁吁地赶上来,奇怪地反问:"我好好的,能有什么事呀?"

　　狐小妹拉住兔宝贝的手:"你知道吗?昨晚我做了个噩梦,梦见你和狗大宝被山羊老师吃了,好可怕呀!"

　　兔宝贝大吃一惊:"你怎么和我做一样的梦呀?不过我梦见山羊老师吃的是你和狗大宝。"

　　"我还梦见你说再也不理我了,害得我从床上掉了下来。"

　　"我也是,我还哭了好长时间呢!你看,我的眼睛都哭红了。"

　　"你的眼睛本来就是红的嘛,嘻嘻。"

　　她俩正你一言我一语地说得起劲,有人却不干了,谁?——狗大宝。他正坐在三岔路口的一块大石头上等她们,准备一块儿上学去,这时远远地看见她们一边慢吞吞地走,一边叽叽喳喳地说个不停,便扯着大嗓门喊道:"喂!你俩快点好不好?我都等了好长时间啦!"

　　狐小妹和兔宝贝抬头一看,同时惊呼道:"啊,是狗大宝!"

狗大宝觉得好笑："可不正是我嘛！"

兔宝贝和狐小妹手拉着手跑了过去，狗大宝好奇地问："你们俩在说什么呢，这么起劲？"

兔宝贝笑嘻嘻地说："我做了个梦，梦见你和狐小妹被山羊老师吃了。"

狐小妹笑着纠正道："不对，不对，我梦见的是你们俩被山羊老师吃掉了。"

狗大宝惊讶地说："啊！你们怎么和我做了个相同的梦？不过我梦见被山羊老师吃掉的是你们俩。"

兔宝贝甩着长耳朵说："我们三个人竟然都做了相同的梦，这真是太不可思议了！"

狗大宝也挠着头说："这种事如果说出去，我敢保证，一定没有人相信！"

狐小妹若有所思地说："三个人做一样的梦的确是件很奇怪的事，不过，有一个移火柴棒的游戏好像和这个梦很相似！你们等等，我摆出来给你们看。"

说完，狐小妹掏出今天早上出门时特地准备好的火柴，在地上摆了起来，不一会儿，一条火柴鱼就摆好了。狐小妹指着火柴鱼说："只移动其中的两根火柴，你们能使鱼或者往上游，或者往左游，或者往右游吗？"

兔宝贝惊讶地说："只移动两根火柴棒，就要改变小鱼游动的

方向,而且还是三种,这也太难了吧?简直比我昨晚在梦中看到的那个算式还难!"

狐小妹笑了笑说:"看我的吧。"

说着,就在地上一一摆了起来,兔宝贝和狗大宝一看,果然只移动两根火柴棒,就使小鱼改变了三种方向,都拍手叫好起来。

见下图,如果拿掉其中的两根火柴棒,也许你能轻易地使它变成三个正方形,但如果只允许拿掉其中的一根火柴棒,你也能使它变成三个正方形吗?

我来试一试

39.是老师还是妖怪

"嗨,你们听说了没有?我们学校里出大事了!"小白鹅表情夸张地说。

"这是怎么回事?出什么大事了?"小动物们"呼啦"一下都围了上来。

小白鹅往四下里看了看,压低嗓音说:"你们难道真的不知道?昨天,新来的山羊老师不仅拐走了我们班的花小猫,连二班的小灰鸭三姐妹,三班的小企鹅四姐妹和四班的小火鸡七姐妹也都被他拐走了。"

猪小聪不解地问:"山羊老师把这么多的小动物拐去干吗?"

"猪小呆就是猪小呆,连这么简单的问题都要问,抓他们去当然是要吃啰!"

狗大宝的话音刚落,马上就有同学反驳说:"你别瞎说,山羊是不吃肉的,他怎么可能吃小动物呀?"

"你们别傻了,你们以为山羊老师是只普通的山羊呀?告诉你们吧,他可是个妖怪啊!"

"啊,妖怪!"小动物们一听,都吓得尖叫起来。

狐小妹追问道:"小白鹅,为什么说山羊老师是妖怪?你倒是说说清楚呀!"

小白鹅扬了扬长脖子,刚想回答,不料,斑马老师一脸严肃地走了进来。她用教鞭敲了敲讲台,严厉地问:"早自习不好好学习,

你们都在这里乱叫什么？"

小动物们都低着头，没有一个站起来回答。

"狐小妹，你是班长，又是学习委员，你站起来回答，你们不好好学习，在这里乱叫乱嚷做什么？"

"老师，我们正在说花小猫的事，听说她昨天晚上没回家。"

"就为了这事？"

"我还听说，其他班级也有同学没回家。"

"这有什么好大惊小怪的？她们都是被山羊老师带走了。"

兔宝贝怯怯地问："老师，山羊老师会吃了她们吗？"

斑马老师笑了起来："你们有谁听说过山羊会吃肉，哈哈哈……"

狗大宝霍地一下站起来说："可是，小白鹅说，山羊老师是妖怪啊！"

"胡说！小白鹅，你又在乱造谣了，给我出来，站到墙角去！"

"老师，那您说，山羊老师抓她们去做什么？"

"狐小妹，你也乱说话，山羊老师不是抓她们，而是请她们。"

"请她们去做什么呢？"狐小妹喜欢打破沙锅问到底。

"山羊老师是请她们去参加小明星艺术团，你们还记得昨天山羊老师带你们做游戏的事吗？那是山羊老师在选拔队员。"

听了斑马老师的解释，小动物都恍然大悟地"哦——"了一声。

"山羊老师不是来代语文课的吗？他要是也走了，那谁来教我们上语文课呀？"

斑马老师笑了笑说："狐小妹的问题提得很好，在我回答你们之前，我先来考考你们，看你们是不是够聪明。好了，请听题吧——由于学校里的老师人数不够，所以校长要求每位老师负责教两门课，我只教你们数学和体育，羚羊老师不教语文和美术，骆驼老师

千伶百俐 狐小妹

不教英语和音乐，你们猜猜，三位老师各教你们什么课？"

看到台下一片窃窃私语，斑马老师又补充说："谁要是能做出来，就会得到一件神秘的礼物哦！"

数学小博士

分析，一共六门功课，斑马老师教数学和体育，还剩下四门功课；既然羚羊老师不教语文和美术，那他只能教英语和音乐；骆驼老师不教英语和音乐，那他也只能教语文和美术了。

40.神奇警长

"嗨,你们听说了没有?"一大清早,小白鹅又开始广播了,"我们学校里来了一位神奇警长,他刚刚去了校长办公室。"

"是怎么回事?""什么神奇警长呀?""他去找校长干吗?"小动物们七嘴八舌地围了上来。

小白鹅扬了扬长脖子,煞有介事地说:"你们还不知道呀?小明星艺术团的小火鸡七姐妹出事了。"

"出事了,她们出什么事啦?"

"小火鸡七姐妹中的三妹子被人家发现了。"

"哦,这算什么事呀?真是大惊小怪!"

"狗大宝,你不了解情况就别乱插嘴,我实话告诉你们吧,她是在东面的小河里被发现的,而且已经淹死了。"

"啊!淹死了?"小动物们都吃惊不小。

狐小妹听到这,连忙挤上前问:"这到底是怎么回事?她是怎么淹死的?"

小白鹅伸了伸长脖子:"这我可不大清楚,不过火鸡妈妈知道三女儿淹死的事,哭得死去活来,火鸡爸爸也报了警。"

狐小妹又问道:"那山羊老师呢?出了这么大的事,难道他不闻不问吗?"

"听说山羊老师失踪了,现在谁也找不到他。"

"照你这么说,那其他的小动物不是都很危险吗?"狐小妹感到

125

了事态的严重性。

"就是呀，我还听说啊，另外几只小动物也都被山羊老师害了。"

"你瞎说！"狗大宝大声反驳道，"斑马老师说过，山羊是不吃肉的。"

小白鹅白了他一眼，辩解说："我又没说山羊老师吃肉呀，我是说，那些小动物都被山羊老师卖给狮子、老虎和豺狼了。"

"啊？那些可都是食肉的猛兽呀！"

"你们别着急，现在神奇警长来了，只要那些小动物们还没有被害死，神奇警长一定会把她们救出来的。"

狗大宝忍不住问道："你张口一个神奇警长，闭口一个神奇警长，他到底神奇在哪儿呢？"

"要说这位神奇警长呀，可了不得啦！"小白鹅拍了拍翅膀，开始绘声绘色地讲了起来，"你们一定想知道，他是怎么个了不得？不过，我今天先不说他是怎样一拳打翻一头猛虎，也不说他如何一脚踢飞一头雄狮，更不讲他赤手空拳斗犀牛的惊人之举……"

狗大宝不耐烦地打断道："那你到底要说什么呀？"

小白鹅见关子卖得差不多了，便把翅膀背在身后，一边踱来踱去一边昂着头说："那好，我今天先来给你们讲一件小事，让你们见识一下这位神奇警长到底有多神奇。事情是这样的，有一天，神奇警长接到海龟女士的求助电话。原来海龟女士的丈夫从北极打来电报，电报上只有两行数字，第一行写着 2345，第二行写着 6789，她不知道这是啥意思。警长听了笑笑说，'那是你丈夫在北极被困了，赶紧给他寄衣服和食物去吧。'"

狗大宝好奇地问："那后来呢？"

小白鹅得意地说："后来海龟先生回来了，他逢人就说，'幸亏我妻子给我寄来了衣服和食物，要不然，我就冻死饿死在北极啦！'"

数学小博士

第一行，2 3 4 5，缺1(衣)；第二行，6 7 8 9，少10(食)，合起来就是缺1(衣)少10(食)，说明海龟先生没有衣服和食物，在北极受困了。

41.自己做竹筏

　　自从神奇警长来学校调查后,绵羊校长整日忧心忡忡,他既要配合警方的调查,又要安抚被害学生的家属,还要接受上级领导的严厉批评和处分,尤其是社会公众的汹汹指责以及新闻媒体没完没了的纠缠,更是令他应接不暇、百口莫辩。他只能撑着盼着,希望这个案子能够早日水落石出。

　　可是,一个星期过去了,神奇警长的调查却毫无进展。山羊老师和那些被他带走的小动物们,好像永远地从这个世界上消失了。

　　于是,社会各界开始纷纷猜测起来,有的说,山羊老师他们被绑架了;有的说,山羊老师他们在原始森林里迷路了;有的说,山羊老师他们被杀害了;还有的说,山羊老师他们被外星人抓去做实验了,等等,各种各样的说法都有。

　　狐小妹、兔宝贝和狗大宝三个始终怀疑山羊老师有些古怪,他们趁着学校正在停课的时候,相约去找寻线索。

　　狐小妹说:“既然三妹子的尸体是在这条小河里发现的,那我们应该逆流而上去寻找。”

　　兔宝贝为难地说:“我们并不会游泳呀,怎么逆流去找呢?”

　　狗大宝提议说:“我们不如划船去,还记得上次我们坐过的小船吗?我们就坐那条小船去找吧。”

　　“可是,那条小船只能载我和狐小妹两个人,你怎么办呢?”

　　“这个……”狗大宝挠了挠头,也难住了。

狐小妹想了想，指着不远处的那片竹林说："不如，我们去砍些竹子来，自己做一条竹筏吧。"

狗大宝一听，高兴地说："好，我现在就去砍些竹子来。"

说完，就匆匆地向竹林跑去。

兔宝贝也高兴地说："那我去找些藤蔓来搓绳子吧。"

说完，也急忙去找藤蔓去了。

狐小妹自言自语道："嗯，我得先把竹筏的设计图画出来。"

她刚坐下来，还没来得及掏出笔和纸，狗大宝却空着两只手回来了。

"你怎么不去砍竹子呀？"

"唉，没有砍刀，叫我怎么砍嘛？"

"老水牛伯伯不就住在附近吗？你快去向他借一把砍刀吧。"

"哦，我怎么忘了？好，我马上就去！"

狗大宝走后，狐小妹开始设计起竹筏的样图来。等她把设计图画好，狗大宝也扛着两根竹子回来了。

狐小妹奇怪地问："狗大宝，你怎么才砍两根竹子呀？"

狗大宝擦了擦脑门上的汗，笑着说："我砍了好多呢，只是一下子扛不过来，我得多跑几趟才行。"

狐小妹又问："那你一共砍了多少根竹子呀？别到时候不够可就惨了。"

狗大宝想了想说："我刚才看了一下，假如我一次扛 2 根，最后一趟只要扛 1 根，假如我一次扛 3 根，最后一趟也只要扛 1 根，假如我一次扛 4 根，最后一趟还是只要扛 1 根，你说怪不怪？"

狐小妹一听，放心地说："哦，你一共砍了 13 根竹子呀！有这么多就够了，好了，你继续去扛吧。"

冒牌校长

千伶百俐 狐小妹

数学小博士

　　一共 13 根竹子,如果一次扛 2 根就要跑 7 趟 13÷2＝6……1;如果一次扛 3 根就要跑 5 趟 13÷3＝4……1;如果一次扛 4 根只要跑 4 趟 13÷4＝3……1。以上三种方法,最后一趟都只要扛 1 根竹子就行了。

42.草丛里的小刺猬

狐小妹他们划着自己做的竹筏,开始逆流去寻找。由于水流比较急,加上三只小动物力气有限,所以没划多远就划不动了。没办法,他们只好跑到岸边的树林里休息。

他们坐在地上,吃了一会儿东西后,就讨论起下一步的行动计划来。兔宝贝说,划竹筏太累了,还是往其他的地方去找找看吧。狐小妹说,唯一的线索是在水里发现的,应该继续沿着水路找。兔宝贝不同意,两个人又争论起来。狗大宝见她们争得面红耳赤,谁也说服不了谁,便说:"你们慢慢讨论吧,我先到那边的草丛里去睡一觉,如果你们讨论好了,就过来喊一声吧。"

说完,也不管她们同意不同意,就自顾自跑到草丛里去睡觉。可他刚一坐下去,便猛地跳了起来:"哇!是什么东西?扎死我啦!"

拨开草丛定睛一瞧,只见里面有一只小刺猬正蜷缩成一团。

狗大宝气呼呼地责问道:"喂!你这个家伙,鬼鬼祟祟地躲在这里干吗?"

小刺猬闷声闷气地反问道:"你们是谁? 是不是来抓我回去的?"

"我们抓你干吗? 你满身是刺,我躲还来不及呢!"

"你们真的不是来抓我的吗?"

"当然不是。喂!你还没告诉我,你躲在这里干吗?"

这时,狐小妹和兔宝贝闻声赶了过来,看见狗大宝一边揉着被扎疼的屁股，一边对着小刺猬龇牙咧嘴地叫嚷，都忍不住哈哈大笑起来。

小刺猬慢慢地探出脑袋，看了看狗大宝他们，又往四下里瞧了瞧，仍然不很确定地问："你们真的不是来抓我的吗？"

"告诉你了不是！"狗大宝大声叫嚷着，"你快说！为什么要扎我的屁股？"

小刺猬把身子伸展开来，对狗大宝望望，不好意思地说："真对不起，我不是故意的，要不，我帮你揉揉吧。"

说着，真的走过来要帮狗大宝揉屁股。狗大宝连忙跳开去，叫道："喂喂！你别过来，我已经被你扎得很惨了，可不想再被扎一下！"

小刺猬为难地说："那我要怎么做，你才肯原谅我呢？"

狐小妹掩着嘴笑道："嘻嘻，他不要你帮他揉，就说明他已经原谅你了。不过，你还没告诉我们，你为什么要躲在这里？"

小刺猬心有余悸地说："你们不知道，我是从黑牢里逃出来的，要是被抓回去，肯定就没命了！"

"黑牢？是什么黑牢？它在哪儿？我怎么从来没有听说过？这到底是怎么回事呀？"兔宝贝连珠炮般提出了一长串问题。

小刺猬定了定神，开始讲述道："那天，我们刚走进山羊老师的家，突然闯进来几个凶神恶煞一般的坏蛋。他们把我们押到了一座黑牢里，说要把我们分批煮来吃了。后来，我乘守卫不备，把他扎伤后逃了出来。"

狐小妹问道："那座黑牢在哪儿，你还记得吗？"

小刺猬想了一会儿，说："我记得我从黑牢里逃出来后，先往东跑了 3 千米，又往南跑了 3 千米，接着往西跑了 3 千米，最后往北跑了 2 千米后就逃到这里来了。"

"哦,我的天,要跑 11 千米啊!"狗大宝夸张地叫了起来。

数学小博士

　　上次我们说过,往相反方向跑相同的距离,等于回到了原地。我们来看,这次往东和往西各跑了 3 千米,正好抵消;往南跑 3 千米,往北跑 2 千米,等于往南跑了 3-2 = 1 千米。

冒牌校长

43.坏蛋有多少

狐小妹笑着对小刺猬说:"幸亏你只往北跑了 2 千米,要是再多跑 1 千米,你就惨了。"

小刺猬没听明白:"你为什么要这样说呀?"

狐小妹折了根树枝,在地上画了张路线图,然后指着说:"你看,你从黑牢里逃出来后:先往东跑了 3 千米,又往南跑了 3 千米,接着往西跑了 3 千米,最后往北跑了 2 千米后到了这个小树林里。你再仔细看看,这个小树林离黑牢还有多远?"

小刺猬听狐小妹这么一说,对着路线图看了看,不禁后怕道:"啊! 这个小树林离黑牢只有 1 千米,我差点去自投罗网呀!"

狗大宝挠了挠头问:"我们现在该怎么办?"

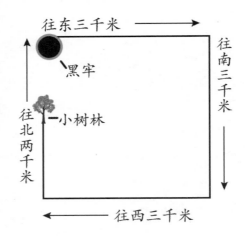

狐小妹想了想："这样吧,我们来兵分两路,我和兔宝贝、小刺猬去秘密潜入黑牢,你马上赶回去报告神奇警长。"

　　狗大宝连连摇头："这怎么行?我是堂堂男子汉,应该给我分派最重要的任务。"

　　狐小妹解释说:"向警长报告就是最重要的任务呀!别忘了,在我们当中,你的鼻子是最灵的,你得沿着我们身上留下的气味把警长他们领来,然后把坏蛋一网打尽,明白吗?"

　　狗大宝点了点头,走了几步,又不放心地回头说:"那你们一定要小心啊!"

　　兔宝贝挥了挥手:"别婆婆妈妈了,快去快去!"

　　狗大宝走后,狐小妹又向小刺猬了解情况:"你知道那里有多少个坏蛋吗?"

　　小刺猬想了想:"具体有多少个坏蛋我不清楚,只知道大个的坏蛋加中个的坏蛋有 5 个,大个的坏蛋加小个的坏蛋有 6 个,小个的坏蛋加中个的坏蛋有 7 个。"

　　兔宝贝算了算:"哇!一共有 18 个坏蛋,这可不好对付呀!"

　　狐小妹摇摇头:"没那么多,一共才 9 个坏蛋。"

　　兔宝贝不解地问:"不对呀!5+6+7=18（个）,怎么会是 9 个呢?"

　　狐小妹解释道:"你别忘了,这 18 个坏蛋里,小个、中个和大个都被重复计算了,所以要把重复计算的部分减掉。"

　　"哦,是这样呀!"兔宝贝甩了甩长耳朵,想了一下,又问道,"那你能不能再算一算,看小个、中个和大个的坏蛋各有多少?"

　　"当然可以!"狐小妹自信地回答说,"我现在就可以告诉你,大个的坏蛋有 2 个,中个的坏蛋有 3 个,小个的坏蛋有 4 个,加起来正好是 9 个。"

冒牌校长

找一找,恶狼有几只?

大个的坏蛋加中个的坏蛋有5个,大个的坏蛋加小个的坏蛋有6个,小个的坏蛋加中个的坏蛋有7个。如果还是不知道就关注《金题总动员》吧,趣味数学题等你来发现。

　　已知大个的坏蛋加中个的坏蛋有 5 个，大个的坏蛋加小个的坏蛋有 6 个，说明小个的坏蛋比中个的坏蛋多 1 个；又已知大个的坏蛋加小个的坏蛋有 6 个，中个的坏蛋加小个的坏蛋有 7 个，说明中个的坏蛋比大个的坏蛋也是多 1 个；既然总数是 9 个，我们可以先算出中个的坏蛋有 9÷3＝3（个），再算出大个的坏蛋有 3－1＝2（个），最后算出小个的坏蛋有 3＋1＝4（个）。

　　小明数水果，他把苹果和梨子放一块儿数，数出来有 7 个，把梨子和橘子放一块儿数，数出来有 8 个，把橘子和苹果放一块儿数，数出来有 9 个，你知道这里一共有多少个水果吗？

 我来试一试

冒牌校长

44. 一笔画图形

兔宝宝惊讶地问:"狐小妹,你是怎么算的,能不能教教我呀?"

狐小妹点点头:"那当然,谁叫我们是好朋友呢! 不过,现在还不行,我们得先赶到那个黑牢去。"

小刺猬虽然有点害怕,但是为了救出那些小动物,也只好壮着胆子陪她们去。

果然没走多少路,小刺猬便喊"到了"。

兔宝宝看了看四周,不解地问:"在哪儿呢? 我怎么没看到什么黑牢呀?"

小刺猬指在面前的一座小山说:"黑牢就在那座小山的里面。"

"既然就在那座小山的里面,那我们快点过去吧。"

兔宝宝带头跑过去,可她围着小山转了一圈,也没找着门。

小刺猬小声说:"你快别转了,门就在这儿呢。"

"是这儿?"兔宝宝指着那堵光秃秃的石壁问,"你能肯定吗?"

小刺猬点点头,"我肯定是在这儿,不会错的!"

兔宝宝使劲去推了推,石壁纹丝不动。刚想问,小刺猬又压低嗓门说:"这道石壁门不知有几万千克重,靠推是推不开的。"

狐小妹轻声问道:"那要怎样才能打开它呢?"

"看到那上面的三个图形没有? 只有找出那个可以一笔画出来的图形,并把它用手指描一下,这个石壁门才会自动打开。"

兔宝宝瞟了那三个图形一眼,不以为然地说:"那还不简单,把三幅图形都去描一遍不就行了。"

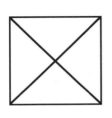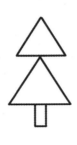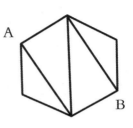

说完，伸手就要去描，小刺猬连忙阻止说："千万别乱试！要是描错了，就会触动机关和警报，就算不被暗箭射死，也会被守卫抓去杀死。"

"那怎么办？"兔宝贝看着那些图形头有点晕了。

狐小妹仔细观察了一会儿，说："我知道该描哪幅图形了。"

兔宝贝问："是不是第一个图形？"

狐小妹摇了摇头，"不是，第一个图形虽然简单，却至少要两笔才能画出来。"

小刺猬问："那是不是第二个图形？"

狐小妹又摇了摇头，"也不是，第二个图形也得画两笔。"

兔宝贝狐疑地问："总不会是第三个图形吧，那个图形看起来好复杂呀？"

狐小妹微微一笑，说："就是第三个图形，你别看它好像挺复杂，但你只要从 A 点开始，先画里面三条线，再画外面的六边形，最后到 B 点结束就可以一笔画出来了。当然，你从 B 点出发到 A 点结束也是一样。"

狐小妹话音刚落，便听背后有人夸奖道："嗯，果然是个聪明的孩子！"

冒牌校长

139

狗大宝和猪小聪比赛做算术题,狗大宝得意洋洋地说:"你1分钟才做3道题,而我2分钟就可以做5道题,我比你快多了。"猪小聪想了想说:"既然你这么快,那能不能让我先做1分钟?"狗大宝爽快地答应了。聪明的小朋友,你能不能告诉我,如果不限制时间,狗大宝能追上猪小聪吗?

我来试一试

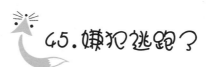

45. 嫌犯逃跑？

狐小妹回头一看，只见一只胖乎乎的大熊猫正笑眯眯地看着她，身后还跟着一大群森林警察，原来他就是神奇警长。

没等狐小妹开口，兔宝贝就抢先问道："咦，狗大宝呢？他不是找你们去了吗？"

神奇警长笑呵呵地说："你是说那只小白狗啊，他没有来。"

"他为什么没有来呀？"兔宝贝有点儿生气。

狐小妹催促道："哎呀！先别问那么多了，还是赶紧去救花小猫他们吧。"

神奇警长赞许地点点头，他亲自上去把第三个图形描了一遍。只听"嘎嘎嘎"地一阵响，石壁缓缓地升了上去。

神奇警长一挥手，马上就有十几名森林警察端着枪冲了进去。不一会儿，里面就传来了"砰砰"的激烈交火声。等到枪声完全平静下来后，神奇警长带领大伙儿走了进去。走进黑牢一看，只见地上横七竖八地躺着几具动物的尸体。扯下他们的伪装一看，原来小个的坏蛋是老鼠，中个的坏蛋是黄鼠狼，大个的坏蛋竟然是大灰狼。

没等神奇警长询问，一名森林警察马上汇报说："他们负隅顽抗，我们不得已，只得把他们击毙。"

兔宝贝上去数了数，说："狐小妹，你刚才算错了，这里总共才七个坏蛋。"

狐小妹没有理会她，而是焦急地问："咦，花小猫他们呢？怎么

冒牌校长

不在这儿呀？"

先前汇报的那名森林警察回答说："我们只找到几张小动物的毛皮，估计都已经被害了。"

"啊！难道花小猫也被他们害死了吗？"

狐小妹和兔宝贝都忍不住伤心地哭了起来。

"我在这儿呢，嘻嘻。"

大伙儿一愣，只见一只小花猫突然从一张桌子底下钻了出来。

"是花小猫，原来你没事呀，这可真是太好了！"狐小妹激动地扑上去想要拥抱她。

花小猫却灵巧地一闪，害得狐小妹扑了个空，差点摔倒在地上。

兔宝贝见花小猫光顾着躲狐小妹，趁机抓住了她的手。花小猫一惊，使劲一挣，却不料把一张猫皮给挣掉了。大伙儿吃了一惊，再一看——哪里是什么花小猫？原来是一只黄鼠狼假扮的。

"快抓住他！"见黄鼠狼正拼命往外逃，神奇警长连忙追了上去。

可是已经晚了，黄鼠狼不仅逃出了黑牢，还把石壁门放了下来。

神奇警长对着石壁仔细搜寻了好一会儿，终于在一个不显眼的地方发现了一道竖式：

$$
\begin{array}{r}
2\ \text{开} \\
+\ \text{关}\ 7 \\
\hline
\text{开}\ \text{关}
\end{array}
$$

数学小博士

　　这道题是要求算出"开"字和"关"字各代表了一个什么数字？只要我们先把"开"字求出来，"关"字就会很容易算出来了。但是我们在求解时，却要从"关"字先入手。大家请看，由于"和"是一个两位数，另一个加数的十位上是2，所以"关"字一定要小于8；大家再请看，因为"关"字小于8，它后面的个位上是7，所以"开"字一定要大于或者等于4；根据以上两点，我们就可以先用4来做试验，如果"开"字是4，那么，"关"字就一定是1，请看，24+17＝41。

　　通过试验我们发现，上面这道题的答案不唯一，你能找出其他的答案来吗？

我来试一试

46. 披着羊皮的狼

再说狗大宝,他和狐小妹他们分开后,刚跑到半路上,迎面就碰到了神奇警长。神奇警长在听取了狗大宝的汇报后,坚决不让他和他们一道去,说是太危险。然而,狗大宝还是悄悄地跟了来。他见神奇警长带着狐小妹他们进了黑牢,正在考虑要不要跟进去瞧瞧时,忽然发现一只黄鼠狼没命似的从里面逃出来。他一时好奇心起,便急忙跟了上去。

那只黄鼠狼只顾拼命地往前跑,一点儿也没发觉被跟踪了。他在树林里左拐右转地跑了好长一段路后,猛地往一个杂草丛里一蹿,立时就不见了。

狗大宝连忙跑过去,扒开杂草一看,只见下面有一个地洞。他想:那只黄鼠狼一定是躲进地洞里去了。于是,他也钻了进去。

地洞很长,狗大宝循着黄鼠狼留下的气味一直往前找去。大约走了三四百米远,终于到了地洞的出口。

他小心翼翼地钻出地洞,突然听见有人在说话。

一个声音颤抖着说:"二大王,不好了……"

另一个声音呵斥道:"混蛋!我好好的,怎么不好了?"

"不是二大王不好了,是……是三大王……"

"出什么事了?快说!"

"警察突然冲进来,三大王没来得及反抗,就……"

"啊!他们怎么会找到的?"

"是神奇警长,他带着森林警察一冲进来就开枪,三大王和弟兄们都被打死了,幸亏我假扮……"

"他带了多少警察来?"

"这个……因为当时太混乱,我又躲在桌子底下,所以没有看清楚。不过在枪声停了后,我听见一名警察对另一名警察说,'每个坏蛋只要打 1 枪就够了,结果我们多打了 23 颗子弹,太浪费了。'另一名警察说,'我们每人才打了 2 枪,这算什么浪费?'"

"我们一共死了多少弟兄?"

"除了我侥幸逃出来,其余 7 名弟兄全死了。"

沉默了一会儿,那个被称为二大王的说:"原来他带了 15 名警察来,这倒是不好对付啊!我看,我还是先去避避风头。"

听到这里,狗大宝越来越觉得声音有点耳熟,可一时又想不起来在哪儿听过,便小心翼翼地走过去想瞧个究竟。真是不瞧不知道,一瞧吓一跳——原来正在和黄鼠狼说话的,竟然就是——山羊老师!

这是怎么回事呀?还没等狗大宝弄明白是怎么回事,山羊老师又突然把山羊皮脱了下来。狗大宝再定睛一瞧,顿时吓得惊叫起来:"啊,是大灰狼!"

数学小博士

　　每个坏蛋只要打 1 枪,被打死的坏蛋一共有 7 个,这样,只要打 7 枪就够了,可实际上浪费了 23 颗子弹,说明一共打了 30 枪。每个警察各打了 2 枪,说明一共有 15 名警察。详细列式如下:第一步,7+23＝30(颗);第二步,30÷2＝15(名),答:一共有 15 名警察。

冒牌校长

千伶百俐 狐小妹

老鼠妈妈偷了一篮苹果,准备分给自己的 6 个孩子吃。她给每个孩子分 2 个苹果,分到最后发现剩了 3 个。你知道老鼠妈妈一共偷了多少个苹果吗?

我来试一试

146

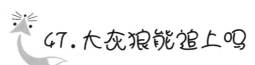

47.大灰狼能追上吗

狗大宝这一声惊叫,把假扮山羊老师的大灰狼吓了一大跳,可当他发现对方只是一只小白狗时,马上阴阳怪气地说:"嘿嘿,我的肚子刚开始咕咕叫,就有一只小动物主动送上门来,看来我的运气还真是不错,那我就不客气啦!"

说完,长嚎一声猛扑过来。狗大宝就势一滚,恰好躲过了这致命的一击。

"嘿嘿,小子,身手还不赖嘛!"

大灰狼一边狞笑着一边再次猛扑过来,狗大宝见躲不过去,干脆往前一扑,反而从大灰狼的肚子底下钻了过去。

两次扑空后,大灰狼气得哇哇大叫,他骂骂咧咧地叫黄鼠狼帮他封堵狗大宝的退路。那只黄鼠狼平时是很怕狗的,但这时有大灰狼壮胆,竟也张牙舞爪地向狗大宝扑来。

狗大宝看黄鼠狼扑了上来,对准他的肚子狠狠地踹了一脚,黄鼠狼顿时惨叫着飞了出去,重重地摔在地上。

大灰狼见狗大宝正在全力以赴地对付黄鼠狼,想偷偷地从背后下黑手。

正在这时,突然有人大叫一声:"神奇警长来啦!"

大灰狼吓得浑身一激灵,硬生生地扭转身一看,哪里有什么警长?只不过是一只小喜鹊,在那里咋咋呼呼地吓唬他。

大灰狼对这种会飞的小东西毫无办法,只能恶狠狠地瞪上一

冒牌校长

眼。他回头想重新去抓狗大宝，却发现狗大宝正在逃跑。他想：到了嘴边的肉要是让他跑了，那说出去多丢人呀！于是，他气急败坏地追了上去。

狗大宝回头看见大灰狼追来了，更加发疯似的往前跑。大灰狼追了好长时间，累得上气不接下气，也没能追上，他只好停下来休息。狗大宝发现大灰狼不追了，也停下来喘息。大灰狼以为狗大宝跑不动了，连忙又追了上去。可狗大宝机灵得很，他见大灰狼身子一动，立马撒腿就跑。大灰狼眼见无法追上，只好自找台阶说："今天我心情好，就饶你去吧！"

狗大宝可不买账，他一边喘气一边嘲笑说："你追不上就老老实实地认输，找什么借口呀？"

大灰狼狡辩道："谁说我追不上？我比你跑得快多了，要是我诚心想追，只要 5 秒钟就能追上你了。"

狗大宝不屑地说："你少吹牛了，有本事就来追我呀！"

大灰狼一边眼珠子骨碌碌地乱转，一边装模作样地说："你不相信是不是？好，我出一道题给你做做，看我是不是吹牛的？"

狗大宝不解地问："这个和做题有什么关系？"

"当然有关系，因为这道题是关于我能不能在 5 秒钟内追上你的。"

"那会不会很难呀？要是太难我可不会做。"

"不难不难，我说出来你先试试，要是做不出来，我会给你提示的。"

狗大宝想了想，说："那就试试吧。"

大灰狼肚子里早就笑翻天了，表面上却不动声色地说："那我出了，你一定要听好哦！大灰狼和狗大宝进行短跑比赛，大灰狼每秒钟能跑 10 米，狗大宝每秒钟能跑 7 米，狗大宝先跑 2 秒钟后，大灰狼才开始追,请你算算,大灰狼能不能在 5 秒钟内追上狗大宝?"

数学小博士

　　大灰狼每秒钟跑 10 米, 他 5 秒钟可以跑 $5 \times 10 = 50$ (米);狗大宝每秒钟可以跑 7 米,因为他先跑了 2 秒钟,所以他跑了 7 秒,总共可以跑 $7 \times 7 = 49$(米);大灰狼比狗大宝多跑了 $50 - 49 = 1$(米)。答:大灰狼能在 5 秒钟内追上狗大宝。

冒牌校长

48.狗大宝中计

狗大宝心想:大灰狼每秒钟能跑 10 米,5 秒钟就能跑 50 米。我每秒钟只能跑 7 米,5 秒钟只能跑 35 米……算到这里,狗大宝惊叫起来,"哎呀!大灰狼真的能追上我啊!"

大灰狼悄悄地往前挪了两步,故意问道:"你说说看,我为什么能够追上你?"

狗大宝回答说:"你 5 秒钟能跑 50 米,我 5 秒钟只能跑 35 米,50-35=15 米,你比我多跑了 15 米,当然能追上我呀!"

"你算得不对!"大灰狼边说边又往前挪了两步,"你别忘了,你比我先跑了 2 秒钟啊!"

"哦,对!"狗大宝拍了拍脑门说,"那我重新算一遍好了。"

"你这次可要算仔细点,别又弄错了。"大灰狼嘴里说着话,又趁机往前走了几步。

狗大宝浑然不知危险正在靠近,仍然只顾埋头计算:大灰狼 5 秒钟跑了 50 米,由于我先跑了 2 秒钟,所以还得加上 2×7=14 米,那我实际跑了 35+14=49 米,50-49=1 米,"唉!你还是比我多跑了 1 米呀!"

"怎么样?你现在总该相信我没有吹牛吧?"见狗大宝仍然呆呆地站在那里思考,大灰狼又往前紧走了几步。

狗大宝心里暗暗盘算道:我要怎样才能不让他追上呢?看来,我得比他先跑 3 秒钟才行,因为那样,我就可以跑(3+5)×7=56

米,反而比他多跑了6米,对,就这么办!

想到这,狗大宝抬起头来说:"这样吧,你让我先跑3秒钟行不行?"

"行行,当然行!"大灰狼一边继续往前走一边故作大方地说,"我就是让你先跑4秒钟也行啊!"

狗大宝听了挺高兴,刚想说点感激的话,突然发现大灰狼就站在自己面前,不由得大惊失色道:"你……你是怎么过来的?"

大灰狼似笑非笑地说:"我是走过来的呀!"

"不,不!我是问,你是什么时候过来的?"

"就在你埋头计算数学题的时候,嘿嘿!"

狗大宝见大灰狼眼里突然露出了贪婪的凶光,情知不妙,立即掉头就跑。可是已经晚了,大灰狼猛地一扑,拽住了狗大宝的尾巴。

"哈哈,抓住了,这下看你还怎么跑?"

"快放开我!快放开我!"狗大宝拼命挣扎,可惜他力气太小,根本不是大灰狼的对手。

大灰狼一边紧紧地拽住狗大宝的尾巴,一边嘲弄道:"像你这种笨蛋,只配给人家当美餐,还是乖乖地让我吃了你吧,也省得大家麻烦,嘿嘿!"

话一说完,大灰狼便张开血盆大口,恶狠狠地往狗大宝的脖子上咬去……

冒牌校长

大灰狼抓着狗大宝嘲弄道："像你这种笨蛋，只配给人家当美餐！"

狗大宝：我要关注《疯狂思维》关注更多题型，提高解题速度。

狐小妹讲故事

　　有一天放学时,我背着书包走出校门,准备回家去。这时,有一只大灰狼走了过来,他冲我笑眯眯地说:"小妹,我是你爸爸的同事,你爸爸今晚要加班,他特地要我来接你。"我怀疑地问:"你真的是我爸爸的同事吗?"大灰狼连连点头说:"是啊!是啊!不信等你爸爸回家后问他好了。"我说:"我忘了点东西在教室里,你先等一下,我马上回来。"大灰狼高兴地同意了。可是令他万万没想到的是——我进去根本不是去取东西,而是把教体育的黑熊老师请了来。大灰狼一看见黑熊老师,赶紧灰溜溜地跑了。

冒牌校长

69.石头大餐

就在这千钧一发之际，突然传来了一声娇叱："住嘴！"

大灰狼吓得浑身一机灵，可他还没反应过来，后脑勺上便重重地挨了几家伙。

"哎哟！我的妈呀，疼死我啦！"大灰狼一边惨叫一边用手去摸脑袋。

"狗大宝快跑！"

不知是谁喊了一声，一下子提醒了狗大宝，他趁大灰狼不注意，张嘴就狠狠地咬了一口。大灰狼一松手，狗大宝使劲挣脱下来，撒腿就跑。

大灰狼见狗大宝跑了，气得破口大骂："是谁这么缺德，竟敢坏我的好事？"

"嘻嘻，是我们。"随着两串银铃般的笑声，两只小动物从大树背后跳了出来。

狗大宝定睛一瞧——来的竟然是狐小妹和兔宝贝！不禁又惊又喜。

狐小妹冲狗大宝甜甜一笑，说："狗大宝，你别害怕，我和兔宝贝救你来啦！"

大灰狼本来心里还有点害怕，这时见来的只不过是两只小动物，便又得意忘形起来："哈哈，又有美餐送上门来了，我今天真是太有口福啦！"

　　狐小妹笑嘻嘻地提议说："你们看，这只大灰狼这么嘴馋，一心就想吃美餐，不如我们给他来一顿石头大餐好不好？"

　　狗大宝不解地问："狐小妹，什么是石头大餐啊？"

　　兔宝贝好笑道："你怎么连这个也不懂？石头大餐就是请他吃石头呀！"

　　大灰狼听了，生气地说："啊！你们要我吃石头，当心我……"

　　他话还没说完，大嘴便被一块飞来的小石头打中了。

　　三只小动物见大灰狼被打掉了一颗牙，都拍手哈哈大笑起来。

　　大灰狼捂着嘴，冲狐小妹嚷嚷道："好你只小狐狸，看我怎么收拾你！"

　　说完，气势汹汹地猛冲过来。

　　狐小妹也毫不示弱，她一边捡起石头往大灰狼的身上扔，一边大声喊："大家别怕，快捡石头砸他呀！"

　　"好！""好！"

　　狗大宝和兔宝贝答应一声，也捡起石头拼命扔了起来，顿时，小石头像雨点一般地向大灰狼的身上飞去。大灰狼被砸得鼻青脸肿，他见情势不妙，赶紧灰溜溜地逃跑了。

　　"耶！耶！我们胜利啦！"

　　三只小动物高兴得又唱又跳。

　　欢呼了一会儿，兔宝贝突然想起一件事："哎，狐小妹，我们刚才一共扔中了多少块石头呀？"

　　狐小妹想了想，故意说："这个问题有点复杂，因为我只记得，你比狗大宝多扔中了3块石头，狗大宝比我少扔中了4块石头，而我扔中的石头数正好是狗大宝的3倍，至于我们3个一共扔中了多少块石头？你自己去算算吧，嘿嘿！"

冒牌校长

155

数学小博士

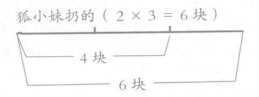

兔宝贝扔的（2 + 3 = 5块）

狗大宝扔的（2块）

狐小妹扔的（2 × 3 = 6块）

4块

6块

　　已知狗大宝比狐小妹少扔中4块石头,而狐小妹扔中的石头正好是狗大宝的3倍,如果把狗大宝扔的石头数目看作是1倍,那狐小妹比他多扔的4块就是他的3-1=2倍,这样就可以算出狗大宝扔中的石头数是4÷2=2(块),狐小妹扔中的石头数是2×3=6(块),兔宝贝扔中的石头数是2+3=5(块),最后一起加起来,得:2+5+6=13(块)。

答:一共扔中了13块石头。(见上图)

　　小明的糖比小红少6颗,小红的糖是小明的两倍,请你来算一算,小红和小明各有多少颗糖?

我来试一试

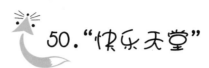

50."快乐天堂"

兔宝贝听着有些迷糊,她嘟着嘴说:"狐小妹,你说得这么复杂,叫我怎么算呀?"

狐小妹还没来得及回答,便听背后有人接嘴说:"这道题是有点复杂,不过,我知道怎么算!"

大伙儿一怔,回头一看,原来说话的竟是一只黄鼠狼。

"快抓住他,他和刚才那只大灰狼是一伙的!"狗大宝大叫一声,就要冲过去。

黄鼠狼连忙摆手说:"别、别,两国交兵,不斩来使!"

狐小妹问:"什么两国交兵,不斩来使,你是哪一国的使者呀?"

黄鼠狼煞有介事地回答:"我代表我们二大王,特来和你们谈判!"

狗大宝气呼呼地说:"我们和大灰狼有什么好谈的?"

"当然有!"黄鼠狼阴阳怪气地说,"因为你们的好朋友——花小猫,她还在我们二大王的手里!"

狐小妹怀疑地问:"你说什么?你的意思是说,花小猫她还活着?"

"那当然,你们要知道,猫肉是很难吃的,我们二大王才不喜欢吃呢?"

兔宝贝奇怪地问:"既然你们嫌猫肉不好吃,那为什么还要抓她呀?"

冒牌校长

千伶百俐 狐小妹

"这你们就不知道了吧？因为新继位的老鼠女王,她竟敢不听从我们大王的命令,所以,我们才特地抓花小猫做人质,目的是想逼猫爸爸和猫妈妈,去对付老鼠女王,要知道,猫天生就是老鼠的克星啊!"

兔宝贝气愤地说:"你们抓一只小猫做人质,太卑鄙了!"

"什么卑鄙不卑鄙,这叫计谋,懂吗?"

狗大宝问道:"那猫爸爸和猫妈妈答应你们的要求了吗?"

"唉!"黄鼠狼叹了一口气,说,"本来这件事早就解决了,可谁知,我们大王前些天碰到了一个更加棘手的问题,所以这件事暂且搁下了。"

狗大宝好奇地问:"你们大王碰到了什么棘手的问题?"

"这是军事机密,我可不敢随便在外人面前透露!"

狐小妹冷哼一声:"别再装腔作势了,说吧,你们到底想怎么样?"

黄鼠狼从口袋里摸出一张皱巴巴的纸,满脸堆笑说:"我们二大王想请你们去做客,这是请柬。"

狐小妹接过那张所谓的请柬一看,只见上面写着:

亲爱的同学们:

你们好!我是你们的山羊老师。今天,我想请你们到"快乐天堂"来做客,和你们商谈一件非常重要的事情。如果你们不想花小猫成为老鼠叛军的美餐,请务必准时来赴约。至于"快乐天堂"的走法是这样的——你们从这里往东走◎-◇千米,◎是一个最小的两位数,◇是它的一半。

你们最尊敬的山羊老师

数学小博士

　　最小的两位数是 10,说明 ◎ = 10,◇是它的一半,10÷2 = 5,说明 ◇ = 5,◎−◇千米,把数字代进去,得 10−5 = 5（千米）。答:"快乐天堂"在东面 5 千米的地方。

　　如果■是一个最大的一位数,而□是它的十倍,那么■+□等于多少?

我来试一试

51. 老虎要收保护费

狐小妹算了一下，说："这个'快乐天堂'在东面5千米的地方。"

黄鼠狼竖着大拇指，谄笑道："高，果然是高！既然你们已经知道了，那我先走一步。"

说完，"哧溜"一下跑得没影了。

兔宝贝说："这一定是个圈套，我们不能上他的当。"

狗大宝挠挠头："那我们不去救花小猫啦？"

兔宝贝甩了甩长耳朵："我没说不去救花小猫呀！我是说，光靠我们自己的力量太单薄了，还是去找神奇警长比较好。"

狐小妹点了点头："兔宝贝想得很周到，这样吧，我们还是像上次那样兵分两路，我和兔宝贝去赴约，狗大宝仍然去向神奇警长汇报。"

狗大宝连连摇头："又让我去找神奇警长，我不干！"

狐小妹耐心地劝他说："你看，你是我们三个中唯一的男子汉，你不仅跑得快，而且耐力好，更重要的是——你的鼻子可以帮助神奇警长找到我们。这么重要的任务你不肯接受，还算什么男子汉呀？再说，万一我们真的遇到了危险，找谁来救我们呢？"

狗大宝一听，觉得很有道理，兴冲冲地找神奇警长去了。

狐小妹和兔宝贝见狗大宝这么听话，都觉得挺好笑，她们在那里笑了一会，慢悠悠地往约定地点走去。

走了好长时间，终于来到了目的地，她们看到的那个所谓的"快乐天堂"竟是一处悬崖，底下是万丈深渊。悬崖上有一座简陋的凉棚，凉棚里摆着一张石桌和四只石凳，石桌上摆着五杯冒着热气的香茶，背靠悬崖坐着一只年轻的山羊——那是大灰狼假扮的，他的对面坐着一只年老的绵羊——赫然就是绵羊校长！

兔宝贝惊奇地问："咦，校长，您怎么也在这儿？"

绵羊校长笑呵呵地回答说："山羊老师请我来喝茶，我当然要来啊！"

"可是，可是，山羊老师他……他是……"兔宝贝结结巴巴地说。

假扮山羊老师的大灰狼站起来，笑呵呵地说："有一点小误会，不必介意，今天我请你们来，是有重要的事情相商。"

狐小妹觉得事有蹊跷，可她也假装糊涂说："山羊老师，我们只是两个小孩子，你找我们来有什么用呀？"

大灰狼搓着手说："实不相瞒，最近我碰到了一个大麻烦。事情是这样的：前几天，老虎先生仗着有警察给他撑腰，来问我收取保护费，他对我说，我每个月得向他交"N"个金币。这个"N"的算法是这样的：N×N+N÷N+（N+N）+（N−N）＝100。他还威胁我说，如果我不交或者交错了数目，他就要把我抓去当点心吃。我算了好几天都算不出来，所以只好来向各位请教，请大家帮个忙吧。"

 数学小博士

$$9×9+9÷9+（9+9）+（9−9）＝81+1+18+0＝100。$$

冒牌校长

千伶百俐 狐小妹

有一个数(零不算),它自己加自己等于自己乘自己,你知道这是个什么数吗?

我来试一试

52. 大灰狼请喝茶

听了大灰狼的叙说，狐小妹心里暗暗好笑：这不成黑吃黑了吗？

绵羊校长对狐小妹笑笑说："狐小妹，斑马老师经常在我面前夸你，说你是个数学天才，所以我今天特地向山羊老师推荐了你，希望你能帮帮他。"

狐小妹虽然觉得有点奇怪，怎么绵羊校长好像一点也不知情似的？但她回头看看，见狗大宝还没有带神奇警长赶到，所以也只好继续装糊涂："这道题没什么难的，我已经算出来了，是个9。"

大灰狼听了，并没有显出很高兴的样子，只是淡淡地说："校长，你推荐的孩子真是不错，很适合给我当助手。"

"给你当助手？"兔宝贝吃惊得快要跳起来了，她连忙说，"校长，山羊老师他……他……"

绵羊校长打断说："我知道，山羊老师是新来的，他只给你们上过一次课，但他是一位好老师，他不仅给我们学校组建了小明星艺术团，他还准备在我们学校成立小明星奥数班，你们将来是要代表学校去参加国际比赛的。"

"可是……可是……"

大灰狼不待兔宝贝说下去，便招呼说："狐小妹、兔宝贝，以前我们有过一些误会，现在事情过去了，我们就都不要追究了。来，大家一起坐下喝杯茶吧！"

冒牌校长

见兔宝贝还想说什么，狐小妹轻轻在她手上捏了一把，小声说："别急，先稳住再说。"

　　大灰狼看在眼里，也假装没看见，他满脸堆笑说："这是我朋友从西湖带来的上等龙井茶，来来，请大家一起品尝。"

　　狐小妹心想：这是黄鼠狼给鸡拜年——没安好心！他一定是在这茶里放了迷药，想把我们都迷倒。哼！哪有那么容易？

　　可是不喝也不行，万一他现在就"狗急跳墙"怎么办？哦，不对，应该是"狼急跳墙"。我该想个什么办法拖延呢？哦，有了……

　　想到这儿，狐小妹装作一本正经的样子说："校长，我想向您请教一个问题，行吗？"

　　绵羊校长刚把茶杯端到唇边，闻言就把茶杯放下，点点头说："好，你问吧。"

　　狐小妹问道："校长，刚用热水泡的茶，茶叶为什么会浮在水面上？"

　　绵羊校长笑笑说："那是因为茶叶比水轻的缘故。"

　　狐小妹又问道："可是，为什么过一会儿后，茶叶又沉到水底下去了呢？"

　　"嗯，这个……"绵羊校长一时答不上来。

　　正在尴尬之际，神奇警长突然带着警察冲了上来。大灰狼一看情势不妙，连忙一把抓起兔宝贝，一边往悬崖边上退一边大声咆哮道："都别过来！谁要是敢过来，我就把她扔下去！"

　　茶叶上有许多呼吸小孔，干茶叶的小孔里充满了空气，因为空气比水轻，所以刚用开水泡茶时，茶叶会浮在水面上。泡了一段时间后，水分子进入了茶叶的呼吸小孔，逐渐把里面的空气排空，茶叶就会变得越来越重，当密度大于热水时，茶叶就会缓缓地沉入水底。另外，由于冷水的表面张力大于热水，使得水分子不易进入茶叶的呼吸小孔，从而无法将里面的空气排出，所以用冷水泡茶，茶叶就难以沉入水底。

　　先用冷水和热水各泡一杯茶，仔细观察茶叶分别在冷水和热水中的情况，然后把观察所得记录下来。

 我来试一试

冒牌校长

53.校长成了大英雄

兔宝贝吓得哇哇大哭起来。

神奇警长连忙说："你别冲动,咱们有话好商量。"

大灰狼色厉内荏地叫嚷道："没什么好商量的,你们快去给我准备一架直升机,否则,我就把她扔下去。"

神奇警长满口答应："好好,我马上喊直升机过来。不过,你先把她放下,不要把孩子吓坏了!"

"别把我当傻瓜,你们想骗我把人质放掉,然后好一枪打死我,就像你们打死老三一样,对不对?"

神奇警长赔着笑脸说："哪能呢?我们警察是不会随便开枪的,只要你先把人质放下,一切都好商量。"

"少废话,你快叫直升机过来,不然我真扔了!"

"别,别!"神奇警长只好用无线电向基地呼叫,请求派直升机过来,可基地说直升机驾驶员都放假了。

于是,神奇警长又用商量的口气说："你看,直升机暂时过不来,要不,咱们用警车送你离开?"

大灰狼正在犹豫不决,突然看见狐小妹正在悄悄靠近,马上紧张起来,"喂!你想干吗?不许过来!"

狐小妹笑嘻嘻地说："我只是一个小女孩呀!怎么,你连我都害怕吗?"

大灰狼辩解说："谁说我害怕了,我只是不喜欢你靠得太近!"

狐小妹叹了一口气："虽然我也相信你不怕我，可是你这个样子，叫别人怎么能相信呢？要不这样吧，你把兔宝贝放了，我来给你做人质怎么样？"

　　大灰狼问："那样对我有什么好处呢？"

　　狐小妹煞有介事地说："好处嘛，有两条，第一，你抓我做人质，就可以使大家都相信，你确实是不怕我的；第二，你抓我做人质，我就可以帮你想办法，好让你成功脱险。"

　　大灰狼半信半疑地问："你怎么帮助我脱险？"

　　"我请你来算一道题，等算完了，你就知道我要教你什么办法了。"

　　"是什么题？你快说！"大灰狼几乎迫不及待了。

　　"题目是这样的——有一天，大灰狼想抓住离他只有 10 米远的兔宝贝，已知大灰狼每秒钟能跑 10 米，兔宝贝每秒钟能跑 8 米，现在请问，如果他们两个同时跑，大灰狼能不能在 5 秒钟之内追上兔宝贝？"

　　大灰狼正呆呆地站在那里算，狐小妹马上向兔宝贝使了个眼色。兔宝贝一下子明白过来，趁大灰狼不注意，咬了一口就跑。

　　大灰狼的手臂被咬得鲜血淋漓，他顿时暴跳如雷地向兔宝贝扑去。

　　绵羊校长见神奇警长的手枪瞄准了大灰狼，急忙一边向前猛冲一边大喊："不要开枪！"

　　大灰狼发现绵羊校长冲了过来，便舍了兔宝贝，掉头来抓他。说时迟，那时快，只见神奇警长果断地扣动了扳机，只听"砰"的一声响，大灰狼应声倒地，在地上挣扎了几下，便一动不动了……

　　第二天，报纸的头条赫然写道：绵羊校长奋不顾身救学生，神奇警长百步穿杨毙歹徒！

冒牌校长

大灰狼想抓住离他 10 米远的兔宝贝，已知大灰狼每秒钟能跑 10 米，兔宝贝每秒钟能跑 8 米，大灰狼能不能在 5 秒钟之内追上兔宝贝？关注《疯狂思维》解难题与时间赛跑。

　　小红和小明相距 15 米,小明每秒钟跑 4 米,小红每秒能跑 3 米,小明和小红同时起跑,小明得用多少时间追上小红?

 我来试一试

冒牌校长

56. 龟慢慢练长跑

　　打死大灰狼后,神奇警长被越传越神奇了,而绵羊校长也成了勇救学生的大英雄。只是令人遗憾的是那只逃走的黄鼠狼没被抓住,花小猫也一直下落不明。

　　后来,警方把那张猫皮作了 DNA 技术鉴定,结果证实那确实是花小猫的。于是,警方便把花小猫公布在死亡名单里。花小猫的爸爸妈妈听闻噩耗后,哭得死去活来,不久就搬家了,至于搬到哪里去了,谁也不知道。

　　作为花小猫最要好的朋友——狐小妹,终日沉浸在失去好朋友的悲痛之中,一向活泼开朗的她,竟变得沉默寡言起来,连兔宝贝多次邀请她做游戏也不肯参加,这使兔宝贝感到十分郁闷。

　　这个星期天,她又没能约出狐小妹,只好去找狗大宝。当走到一个拐角处时,被突然跑出来的龟慢慢撞倒在地。

　　兔宝贝一边从地上爬起来,一边气呼呼地责问道:"龟慢慢,你这个冒失鬼,干吗撞我一跤?"

　　龟慢慢连忙赔礼道歉:"对不起,对不起! 我不是故意的!"

　　兔宝贝不依不饶道:"你说两声对不起就行啦?"

　　"那,你说怎么办?"

　　"你把我的新衣服弄脏了,你得赔我一件新的!"

　　"这……"龟慢慢为难地说,"我家穷,我怕赔不起。"

　　"既然赔不起,那你干吗撞我呀? 还把我的新衣服弄脏!"兔宝

贝有点蛮不讲理。

龟慢慢嗫嚅地说："我真的不是故意的，你相信我吧，我只想练长跑，根本就没想过要撞你呀！"

"练长跑？"兔宝贝好奇地问，"一大早的，你练长跑干吗？"

"我……我……"龟慢慢欲言又止。

兔宝贝催促道："什么我我的，快点说实话，要不，我真生气啦！"

龟慢慢想了想，说："那，我跟你说了实话，你可不能笑话我！"

"好，我不笑话你，快点说吧。"

"我……"龟慢慢咬了咬牙，像是下了很大的决心，"我……我想参加长跑比赛。"

"什么什么？"兔宝贝以为自己听错了，"你要参加长跑比赛？"

龟慢慢认真地说："今年老师没有选上我，一定是因为我跑得还不够快，所以我一定要好好练长跑，争取明年一定让老师选上！"

兔宝贝听了，哈哈大笑起来："你这个傻瓜，跑那么慢，还想参加长跑比赛，真是笑死人啦，哈哈哈……"

龟慢慢生气地说："你答应过不笑我的，怎么说话不算话？"

"不是我想笑，实在是你说得太搞笑了，哈哈哈……"兔宝贝捂住嘴，拼命想忍住笑，结果反而笑得更厉害了。

龟慢慢不服气地说："今年我虽然可能比不过你，但是我相信，只要我坚持不懈地练下去，明年就一定能跑得比你快！"

兔宝贝见龟慢慢说大话连脸都不红，觉得挺好玩，有心想捉弄他，便故意说："这样吧，我出一道题，如果你能做出来，我不但相信你确实跑得比我快，而且还把长跑比赛的名额让给你，怎么样？"

龟慢慢眼睛一亮，"你是说真的？"

"当然。"兔宝贝强忍着笑，继续说，"你听好了，这道题是这样

冒牌校长

的:龟慢慢每分钟跑 50 米,兔宝贝每秒钟跑 10 米,请问,他们两个谁跑得快?"

小知识

1 天 = 24 小时;1 小时 = 60 分钟;1 分钟 = 60 秒。

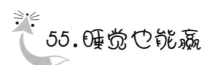

55. 睡觉也能赢

兔宝贝话音刚落，龟慢慢便急忙回答说："我知道，我知道，是龟慢慢跑得快！"

"为什么说龟慢慢跑得快呀？"兔宝贝故作不解地问。

龟慢慢解释道："龟慢慢每分钟能跑 50 米，兔宝贝每秒钟只能跑 10 米，50 米比 10 米长多了，当然是龟慢慢跑得快啦！"

"哈哈，你真是傻到家了，1 分钟等于 60 秒，如果每秒钟跑 10 米的话，60 秒钟就能跑 600 米呀！"兔宝贝终于忍不住，再次大笑起来。

"兔宝贝是龟慢慢的 12 倍，哈哈！"兔宝贝边笑边又补充了一句。

龟慢慢一听，心有不甘地说："刚才是我没仔细审题，如果再来一次，我保证不会再算错！"

"好吧，"兔宝贝大方地说，"那我再出一道题，如果这次你能算对，我先前的话仍然算数，怎么样？"

"好，你快出，你快出！"龟慢慢迫不及待地催道。

兔宝贝想了想，说："龟慢慢和兔宝贝进行长跑比赛，兔宝贝跑得很快，她的速度是龟慢慢的 10 倍。然而，她有个不好的习惯，就是每跑 1 分钟就要睡上 10 分钟。龟慢慢尽管跑得很慢，可他一直坚持不懈地往前跑呀跑。现在请问，如果兔宝贝在途中一共睡了 5 次，最后他俩谁赢了？"

冒牌校长

千伶百俐 狐小妹

　　龟慢慢听糊涂了,他不解地问:"兔宝贝为什么每跑1分钟,就要睡上10分钟啊?"

　　兔宝贝不无得意地说:"那是因为她跑得实在太快了呀!"

　　龟慢慢摇着头说:"如果兔宝贝老是这么骄傲的话,我想,她将来一定会吃苦头的!"

　　"你管我吃不吃苦头,还是赶快回答问题吧!"兔宝贝显得不耐烦了。

　　为了得到那个比赛名额,龟慢慢只好绞尽脑汁地想:"兔宝贝的速度是龟慢慢的10倍,也就是说,龟慢慢跑1米,兔宝贝就能跑10米。兔宝贝每跑1分钟就要睡10分钟,可是,她1分钟能跑多少米呢?"

　　龟慢慢想了一会儿,自言自语地说:"嘿,有了,我先假设一下好了,假如我1分钟跑1米,她1分钟不就跑10米吗? 由于她跑1分钟后就要睡上10分钟,也就是说,她每跑10米就要花11分钟;途中一共睡了5次,说明她一共跑了50米,花了55分钟;而我55分钟却可以跑55米,比她多跑了5米……"

　　算到这里,龟慢慢如释重负地说:"哦,终于被我算出来了,是龟慢慢赢啦!"

　　兔宝贝一听,差点笑倒在地上……

数学小博士

　　兔宝贝在途中睡了 5 次,那她一定跑了 6 次,因为她第 5 次睡觉时一定还没到终点(如果到了终点,那她就已经赢了)。为了计算方便,我们先假设兔宝贝每分钟跑 10 米,龟慢慢每分钟跑 1 米,总路程为 60 米,兔宝贝实际跑这段距离只要 6 分钟,中间睡了 5 次又花了 50 分钟(最后一次不管她睡不睡觉,都跟输赢没关系了),总共花了 56 分钟;而龟慢慢实际跑这段距离总共得花 60 分钟,兔宝贝比龟慢慢少花了 4 分钟,所以最后是兔宝贝赢了。

　　小朋友,请你好好想一想,如果龟慢慢想赢兔宝贝,他希望兔宝贝至少得睡几次?

我来试一试

冒牌校长

175

56. 龟兔赛跑

龟慢慢见兔宝贝笑得前仰后合,奇怪地问:"兔宝贝,你为什么笑得那么厉害啊?"

"我……我……你……你……哈哈哈……"兔宝贝笑得连话也说不清楚。

龟慢慢担心地说:"是不是因为我赢了,你心里难过啊?要是那样的话,我就不要你的参赛名额了,求你别笑得那么恐怖好不好?"

兔宝贝笑了好长时间才停住,一边捂着笑痛的肚子一边调侃说:"龟慢慢,你跑得慢点也就算了,怎么脑子也这么笨呢?"

龟慢慢大声说:"不许你说我脑子笨!否则,我会很生气的!"

见龟慢慢真要生气了,兔宝贝连忙说:"好好,我不说你笨了,你别生气啦!"

龟慢慢点点头:"嗯,只要你不说我笨了,我也不会生你的气了。哎,对了,你刚才为什么说我笨呀,难道是我又做错了吗?"

兔宝贝"扑哧"一声,又笑了出来:"你不让我说你笨,怎么反而自己说自己笨呀?不过,你老是做错题,也确实够笨的,嘻嘻!"

龟慢慢听兔宝贝又说自己笨,真是气得不得了,他瞪着一对小眼睛,气咻咻地挑衅说:"我也不跟你比做数学题,有本事,咱俩真正比一场,看看到底是谁跑得快!"

"什么,什么?你再说一遍,你要跟我赛跑?"兔宝贝简直不敢相信自己的耳朵。

"对！"龟慢慢语气坚决地说，"我要跟你赛跑，我们去请个裁判来，谁要是赢了，就由谁代表班级去参加长跑比赛！"

兔宝贝点点头："好，既然你这么不自量力，那我就成全你吧，你说，请谁来做裁判？"

龟慢慢想了一下，说："大象伯伯最公平，我们去请大象伯伯来做裁判。"

"好，走，我们找大象伯伯去！"

他们一起来到大象伯伯家。大象伯伯听了他们的叙述，觉得挺有意思，就爽快地答应了。

到了比赛那天，许多动物都赶来瞧热闹，原来他们的事早被多嘴的小喜鹊听到后，到处宣扬了出去。

比赛开始了，随着大象伯伯的一声令下，兔宝贝立即像一支离弦的箭一般，一转眼就跑出了几十米。

跑到半路上，兔宝贝扭回头看看，后面哪里还有龟慢慢的影子。她想：我可不是只骄傲的兔子，我得一鼓作气跑到终点去。

可就在这时，她突然看见前面有道黄影一闪，很快就消失在树林中。她一时好奇心起，立即追过去查看。刚往前追了没多远，就听见密林深处有人在说话。

一个说："报告大王，对方已经出发了，咱们该怎么办？"

另一个问："他们一共来了多少？"

先前那个回答："具体的我搞不清楚，不过我看见他们排成了一个正方形的队伍，从前面数，那个队长排在第 4 位，从后面数，那个队长也排在第 4 位……"

兔宝贝越听越觉得奇怪，小心翼翼地靠上前去想看个究竟，可还没等她看清楚说话的是谁，却突然感到一阵头晕目眩，身子不由自主地倒了下去……

千伶百俐 狐小妹

数学小博士

　　从前面数是第 4 位，从后面数也是第 4 位，4+4 ＝ 8（个），由于他本身被重复计算了，所以还得减去 1，得 7 个；再来看，他们排成的是正方形队伍，由于正方形队伍的每一行和每一列都是相同的，所以一共有 7×7 ＝ 49(个)。

　　同学们排成了一个正方形队伍，小明的前面有 4 名同学，小明的后面也有 4 名同学，请问，这个正方形队伍一共有多少名同学？

我来试一试

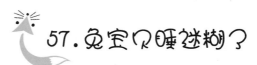

57.兔宝贝睡迷糊？

　　见兔宝贝被迷昏了过去，黄鼠狼忙从腰间拔出匕首，大白狼看见了，喝问道："你要做什么？"

　　黄鼠狼说："她偷听了我们的谈话，我得把她宰了，免得被她说出去。"

　　大白狼骂道："笨蛋！现在大家都在观看龟兔比赛，我们要是把她宰了，那不是要露出马脚了吗？"

　　黄鼠狼为难地说："那怎么办？总不能就这么算了。"

　　大白狼得意地说："别急，我这里有一瓶失忆药，只要喂她吃下几颗，就不仅可以使她昏睡过去，而且还会让她完全忘记刚才发生的事情。"

　　说着，大白狼掏出一瓶黑色的药丸，命令黄鼠狼给她喂下去。

　　黄鼠狼接过药瓶，问道："大王，给她喂多少颗呀？"

　　大白狼说："让我来想想，嗯，吃 1 颗药丸只能使人昏睡 1 分钟，吃 2 颗药丸可以使人昏睡 3 分钟，吃 3 颗药丸可以使人昏睡 7 分钟，吃 4 颗药丸可以使人昏睡 15 分钟……假如想要使她昏睡 2 小时，那至少要给她吃 7 颗药丸。"

　　黄鼠狼听了，连忙倒出 7 颗药丸，给兔宝贝喂了下去。然后，两个坏蛋一起，又把兔宝贝抬到了路边的一棵大树下……

　　两个小时后，兔宝贝被一阵叽叽喳喳的叫声吵醒，她迷迷糊糊地睁开眼睛一看，原来是多嘴的小喜鹊，她不解地问道："你在干吗？"

小喜鹊又好气又好笑地反问道："你不好好比赛，躺在这儿做什么呀？"

兔宝贝感到头晕乎乎的，她也不知道自己为什么躺在这儿，便抱着脑袋使劲晃了晃。

小喜鹊着急地催促道："哎哎，你别晃了，龟慢慢眼看就要跑到终点了，你快点去追呀！"

"什么龟慢慢，我追他干吗？"兔宝贝感到莫名其妙。

"你不是在和他进行比赛吗？怎么啦？难道你睡糊涂了不成？"

"比赛？我和龟慢慢？比什么赛呀？"兔宝贝喃喃自语道，她仍然不明白到底发生了什么事。

小喜鹊简直要被她气昏了，大声说道："我不管你是真糊涂还是假糊涂，反正你得快点往前跑，要是被龟慢慢先跑到了终点，你今年的长跑名额就是他的了，你自己去掂量吧！"

说完，拍拍翅膀飞走了。

兔宝贝虽然还不明白是怎么回事，可看到小喜鹊那么着急，她也不管那么多了，拔腿就跑了起来。

可是，当她"吭哧吭哧"地跑到终点时，龟慢慢已经在接受大家的祝贺了。

数学小博士

吃 1 颗药丸只能使人昏睡 1 分钟,吃 2 颗药丸可以使人昏睡 3 分钟,吃 3 颗药丸可以使人昏睡 7 分钟,吃 4 颗药丸可以使人昏睡 15 分钟,那么吃 5 颗药丸呢? 通过仔细观察和认真分析,我们发现:$1 \times 2 + 1 = 3$;$3 \times 2 + 1 = 7$;$7 \times 2 + 1 = 15$;它的规律就是:后一个数是前一个数的 2 倍加 1;由此我们就能算出吃 5 颗药丸可以使人昏睡 $15 \times 2 + 1 = 31$(分钟);吃 6 颗药丸可以使人昏睡 $31 \times 2 + 1 = 63$(分钟);吃 7 颗药丸可以使人昏睡 $63 \times 2 + 1 = 127$(分钟);2 小时 = 120(分钟),所以,要想使人昏睡 2 小时,至少要让她吃 7 颗药丸才行。

1、4、7、( )、13,请把所缺的数字按照规律补上。

我来试一试

冒牌校长

181

58.小白狼发毒誓

中午休息时,狐小妹正在看《神奇的数学》一书,小白狼突然跑过来说:"嗨! 狐小妹,我们来玩个游戏好不好?"

"我没兴趣。"狐小妹连眼皮也不抬一下。

"是个数学游戏,很好玩的!"小白狼知道狐小妹的喜好,故意引诱道。

狐小妹仍然不理不睬地只顾看书。

"嘿嘿,狐小妹是不是害怕了,不敢跟我玩?"小白狼用起了激将法。

"谁说我不敢跟你玩? 你说吧,玩什么?"狐小妹虽然明知对方的企图,可还是忍不住了。

"我来出一道题,如果你做不出来,就乖乖跟我走,我叫你上哪儿你就得上哪儿,你敢不敢?"

"要是我做出来了呢?"

"要是你做出来了,我就送你两个大苹果!"

"还敢跟我提大苹果的事,你上次输的苹果还没有给我呢。"

"嘿嘿,你别急嘛! 如果你这次做出来了,我就连上次的一起带来。"

"不行! 你又会要赖的。"

"那,你说怎么办吧?"

狐小妹瞟了一眼小白狼,说:"如果我做出来了,你就得老老实

实地回答我三个问题,行不行?"

"好,就照你说的办!"小白狼嘴上答应得爽快,肚子里却在说:就算我不老实回答,你又能拿我怎么样?嘿嘿!

狐小妹一眼看穿了他的心思,马上补充说:"不过,谁都知道你是个撒谎大王,你要是乱答一气,我也拿你没办法。这样吧,如果你真想和我玩,你就向老天爷发个毒誓吧!"

"好,我发誓,如果我撒谎,就让我掉下悬崖摔死!这总行了吧?"小白狼暗自得意地想:这个誓虽然毒了点,但只要我不上悬崖,又怎么可能摔死呢?

狐小妹见小白狼果然发了毒誓,便点点头说:"好,那你出题吧。"

"昨天晚上,妈妈给我们三兄弟每人 6 个苹果,她自己只留了 2 个苹果,我看见妈妈的苹果太少了,便提议我们每人拿出相同数量的苹果给妈妈,使妈妈和我们的苹果数量一样多。现在请你来猜一猜,我们每人给了妈妈多少个苹果?"

狐小妹不假思索地回答说:"你们每人给了你妈妈 1 个苹果。"

小白狼一听,沮丧地说:"哦,又被你蒙对了,唉!"

狐小妹微微一笑,说:"别管我蒙不蒙,我答对了,你就得老老实实地回答三个问题,你是发了誓的,可别耍赖哦!"

小白狼不耐烦地说:"不赖,不赖,你快问吧!"

狐小妹又瞟了小白狼一眼,问道:"我的第一个问题是——你最近为什么长胖了,你吃了什么?"

小白狼得意地回答说:"嘿嘿,我天天都吃肉,能不长胖吗?"

小白狼:"哦,又被你蒙对了,唉!"

狐小妹:"谁说我蒙的,我一直在关注《疯狂思维》,当然能很快回答你的问题。"

　　有一天，小白狼想约兔宝贝跟他去玩，兔宝贝说："要我跟你去玩也可以，不过你得先帮我把这 50 个萝卜，放进那 10 个同样大小的铁盒子里去，要求每个铁盒子里装的萝卜数量都不一样。"小白狼爽快地答应了，可他吭哧吭哧装了老半天，也没按照要求装好，最后，只好夹着尾巴灰溜溜地走了。其实啊，兔宝贝是在故意整小白狼呢，因为那是一个根本不可能完成的任务，你知道，这是为什么吗？

冒牌校长

59.外套上的羊毛

"吃肉！你吃什么肉？"狐小妹大吃一惊。

"当然是火鸡……是火……火烤鲫鱼肉,嘿嘿!"小白狼差点说漏嘴。

"听说火鸡肉很好吃,是不是呀?"狐小妹咽了咽口水,好像很馋的样子。

"那当然,火鸡肉的味道,啧啧……这……这我哪能知道啊?"小白狼发觉不对劲,马上装起了糊涂。

狐小妹突然指着他的鼻子:"你撒谎了!"

小白狼否认道:"我没有!"

狐小妹大声说:"你就是撒谎了!"

小白狼极力否认道:"我就是没有!"

两只小动物又争了起来。正在这时,上课铃响了,狐小妹没办法,只好气呼呼地回到了自己的座位上。

刚坐好,绵羊校长就快步走了进来。见大家满脸的诧异,绵羊校长解释说:"斑马老师有事请假了, 这段日子将由我来给你们上数学课。"

兔宝贝问道:"校长,斑马老师为什么要请假呀?"

绵羊校长摆摆手:"这个我也不清楚,斑马老师只说有急事,没等我问清楚,她就匆匆挂了电话。"

小白鹅也问道:"那斑马老师有没有说,她要请多久的假呀?"

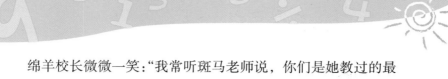

　　绵羊校长微微一笑：“我常听斑马老师说，你们是她教过的最聪明的学生，既然是这样，那我来出一道题考考你们，看看有谁能解出来？”

　　说完，便在黑板上画了起来：

　　画好后，又说明道：“上面那三个五角星代表一个三位数，它各位上的数字加起来等于中间的两位数，而两位数各位上的数字加起来等于底下的黑方块。只要你们能解出那个黑方块等于几，就能知道斑马老师请了几天假。”

　　大家听了，都拿出纸和笔算了起来，只有狐小妹坐在那里一动不动。绵羊校长奇怪地问：“狐小妹，你怎么不算？是不是还没有听懂意思啊？”

　　狐小妹摇了摇头：“不是，我正在口算呢。”

　　绵羊校长又问道：“那你算出来了吗？”

　　狐小妹点点头，回答说：“嗯，刚刚算出来，那个黑方块是 6，也就是说，斑马老师请了 6 天假。”

　　“哦，你算得这么快？真不愧是数学神童啊！”绵羊校长当场夸奖起来。

　　狐小妹不好意思地低下头，却无意之中瞥见绵羊校长的外套上竟然有几根狼毛……

千伶百俐 狐小妹

数学小博士

　　分析：三个都是五角星，说明这个三位数各位上的数字都是一样的，中间的两位数也有一个五角星，说明它和上面那个三位数各位上的数字也是一样的，三个相同的数字加起来，和的个位也相同的只有5，因为$3 \times 5 = 15$，所以中间的两位数是15，1+5=6。答：这个黑方块等于6，斑马老师请了6天假。

　　如果◎◎是一个两位数，它个位上的数字乘以十位上的数字，积也是一个两位数，而且等于□1，请问◎等于几，□等于几？

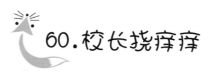

60.校长挠痒痒

狐小妹觉得挺纳闷——绵羊身上怎么会有狼毛呢？她趁绵羊校长不注意，悄悄将他身上的狼毛拿了下来。

下课后，狐小妹叫兔宝贝陪她一起，去校长办公室交全班的作业簿。

刚走到办公室门口，便听见绵羊校长在小声地咒骂："这鬼羊皮，天天披着，害得我全身都快痒死了。"

她俩没有直接走进去，而是小心翼翼地探头往里张望。还没看清是怎么回事，绵羊校长突然转过身来，见她俩一副鬼鬼祟祟的样子，不悦地问："你俩在干吗？"

狐小妹只好硬着头皮走进去，小声说："报告校长，我来交作业。"

绵羊校长态度生硬地说："放在这里好了，你出去吧。"

狐小妹放下作业簿，正准备转身离开，绵羊校长又把她叫住了，"哎，狐小妹，你等等，快帮我挠挠后背，我快痒死了！"

狐小妹听了，连忙走过去帮他挠痒痒。刚挠了上面，校长又喊下面痒，挠了下面又喊左边也痒，手还没来得及放到左边，又喊右边也痒得受不了了。没办法，狐小妹只好喊兔宝贝一起来帮忙。

两个人左挠挠、右挠挠、上挠挠、下挠挠，一直挠了好长时间，校长才终于长吁了一口气，说："痒好一些了，谢谢你们。哎，对了，今天这件事，千万别对任何人说起，明白了吗？"

冒牌校长

兔宝贝不解地问:"这是为什么呀?"

绵羊校长含含糊糊地回答说:"这种事,嗯,说出去,嗯,会……会让人笑话的。"

狐小妹不以为然地说:"这有什么呀?不就是挠痒痒嘛!我小时候也常叫爸爸妈妈给我挠的,有时候痒得实在受不了,还叫门框帮我挠呢。"

绵羊校长淡淡地说:"你是小孩子,我是大人,不一样的。"

狐小妹装作关切地问:"校长,您这痒痒的毛病有多久了呀?"

绵羊校长想了想,说:"大概是从上个月的 10 号开始的吧。"

狐小妹算了算,突然惊叫起来:"今天是 7 号,哎呀,不好!校长,您这个病还差两天就满一个月了,我听老人们说,如果连着痒上一个月而不去治的话,会有生命危险的!"

绵羊校长皱了皱眉头:"别一惊一乍的,我现在不是没空嘛!"

见狐小妹还想说什么,绵羊校长挥了挥手,不耐烦地说:"好了,你们快回教室去吧!"

走出办公室后,狐小妹小声地问兔宝贝:"你有没有觉得,校长的样子怪怪的?"

兔宝贝反问道:"怪什么呀,不就是叫我们帮他挠痒痒吗?"

狐小妹从口袋里掏出几根狼毛,说:"这是我在上课时,从校长身上悄悄拿下来的,刚才我又发现了几根。"

兔宝贝接过去仔细瞧了瞧:"这不是狼毛吗?"

狐小妹点点头:"对,就是狼毛!而且是在校长身上发现的,绵羊身上竟然会有狼毛,你不觉得奇怪吗?"

　　月份:一年分为十二个月,其中大月有七个,即:一月、三月、五月、七月、八月、十月和十二月;小月有五个,即:二月、四月、六月、九月和十一月;大月每个月有三十一天;除二月以外,小月每个月有三十天;平年的二月是二十八天,闰年的二月是二十九天。

冒牌校长

61. 私下决斗

"嗨！你们听说了没有？"绰号"小喇叭"的小白鹅又开始广播了，"前天夜里，二年级的小黑牛和小毛驴也失踪啦！"

"哦，是怎么回事？"小动物们呼啦一下，又全都围了上来。

"据说，他们俩是相约去决斗的！"

"决斗！他们和谁去决斗呀？"

"不是和别人决斗，而是他们俩进行决斗。"

"这是为什么呀？他们不是好朋友吗？怎么还要决斗啊？"

"嗨！还不是因为一道数学题嘛。"

"啊，一道数学题！这是怎么回事呀？"小动物们都觉得莫名其妙。

小白鹅伸了伸脖子，讲述道："嗯，事情的起因是这样的，前天中午，瘸腿狼找到小毛驴，对他说，'都说你小毛驴是最聪明的，我有一道难题，想请你帮帮忙，如果你做出来了，我就请你去我家吃苹果。'

谁都知道，小毛驴是个馋嘴的家伙，一听有苹果吃，马上就迫不及待地问，'是什么难题？你快说出来，我好帮你解决。'

瘸腿狼说，'嗯，这道题是这样的——今天是星期一，15 天后是星期几？'

小毛驴听了，想了半天也没想出来，只好瞎猜说，'大概是星期天吧。'

他俩的对话被小黑牛听见了，这时见小毛驴答错了，便走过来

嘲笑说,'明明是星期二,你却说成星期天,真是头蠢驴!'

小毛驴最恨人家骂他蠢驴,当时就火了,他气呼呼地说,'你要是再敢骂我蠢驴,我就对你不客气了!'

小黑牛没在意,他依然开玩笑说,'我帮你解了题,骂一声蠢驴算什么呀? 你就当是交学费吧,嘿嘿!'

小毛驴立即火冒三丈,冲过去就踢了小黑牛一脚。小黑牛没想到,只不过是开个玩笑,小黑驴竟真的敢踢他,也火了,便与他扭打起来。后来,这事被教导主任知道了,把他们一起抓到教导处去狠狠地训了一顿。

他们见在学校里打不成,就趁着天黑没人发现,私下里决斗去了。"

"那后来呢?"兔宝贝好奇地追问道。

小白鹅两手一摊,说:"后来嘛,就发生了开头说过的那件事——他们一起失踪了!"

兔宝贝想了想,猜测说:"他们可能是打累了,正躺在哪儿休息也说不定。"

小白鹅不以为然地说:"哪会休息这么久的? 他们已经有两天没回家了呀!"

正当大家议论纷纷时,小白狼突然插话说:"都嚷嚷什么? 这两个家伙又笨又蠢,丢了活该!"

数学小博士

一个星期是 7 天,十五天是两个星期多一天,即 $15 \div 7 = 2 \cdots\cdots 1$,因为今天是星期一,七天后仍然是星期一,十四天后还是星期一,所以十五天后就得加上一天,变成了星期二。

小明问小红:"嗨,今天是星期几呀?"小红想作弄他,故意说:"10天后是星期五。"小明一听就傻眼了,气呼呼地说:"说了等于没说。"聪明的小朋友,你能告诉小明,今天是星期几吗?

我来试一试

62.跟踪小白狼

放学时,狐小妹叫住狗大宝和兔宝贝,神神秘秘地说:"你们有没有发现,最近小白狼有点不大对劲?"

狗大宝不解地问:"我没觉得他有什么不对劲,怎么啦?"

狐小妹怕被人听见,连忙把食指放在唇边"嘘——"了一声,压低嗓门说:"你们难道没发现吗?这些天他老是叫别人跟他做数学题,并且说,谁要是做不出来,就得乖乖地跟他走。"

兔宝贝点点头:"是呀!他前天还来找过我,结果反而被我出了道难题给难住了。"

狗大宝也想起来了:"对!他也这么和我说过,不过,我没理他。"

狐小妹又说:"这些天不仅他老这么做,连瘸腿狼和独眼狼也在这么干,前天小黑牛和小毛驴打起来,就是瘸腿狼的那道破题引起的。"

兔宝贝也说:"是呀!今天早上小白狼还幸灾乐祸地说,小黑牛和小毛驴丢了活该,结果被我们围住指责了他一顿呢!"

狗大宝挠了挠头:"可是,这又怎么样?"

狐小妹悄悄说:"我还发现,最近小白狼长胖了不少,我问他吃了什么,他说天天吃肉,好像还说火鸡什么的。我怀疑,那些失踪的小动物和他有关。"

兔宝贝惊讶道:"啊!你是说,那些小动物是被他吃掉了?"

冒牌校长

狐小妹点点头："不仅是他，我怀疑，瘸腿狼和独眼狼也有份，说不定，这还是狼妈妈搞的鬼。"

狗大宝摇摇头："就算是这样，可是，我们没有证据呀！"

狐小妹往四下里看了看，又指了指刚刚走到学校门口的小白狼说："所以，我叫你们一起去跟踪他，看看他到底在搞什么鬼？"

兔宝贝当即表示赞成，狗大宝也没有异议，于是，他们赶紧悄悄地追了上去。

跑到校门口，发现小白狼正在和小小鹿说话，他们赶紧往边上躲了起来，偷听他们说话。

只听小白狼没话找话地说："小小鹿，你的花裙子真好看！"

小小鹿自豪地说："那当然，这是我姐姐昨天给我买的，今天是头一回穿呢！"

小白狼故意问："这么漂亮的裙子，一定很贵吧？"

小小鹿回答说："可不，我姐姐，花了整整 100 元钱呢！"

小白狼假装惊讶道："你说什么，100 元？哎呀！你姐姐被人家给'宰'了，这条裙子虽说漂亮，可也不值那么多钱呀！我家附近的店里也有和你的一模一样的裙子，他们定价才 90 元，而且还打九折，要比你这条便宜 20 元呢！"

这道题小白狼做错了，定价 90 元，再打九折，90 ×
0.9 = 81(元)，100−81 = 19(元)，小白狼多算了 1 元。

服装店老板为了吸引顾客，可又不想让利太多，于是
耍起了滑头——他把原来定价为 100 元一件的上衣先提价
20 元，然后再以八折出售。请你帮忙算一算，现在每件上衣
实际售价是多少元？

我来试一试

冒牌校长

63.留下买路钱

小小鹿不信:"哪会便宜那么多? 你一定是在骗我!"

"我没有骗你,你要是不信的话,我现在就可以带你去看!"小白狼好像要急于证明似的。

小小鹿摇摇头:"我要是跟你去看了,回来不就晚了吗? 要是天很黑,我可不敢一个人回家。"

小白狼拍了拍胸脯:"天黑怕什么,我送你回家就是了。再说,你要是去的话,顺便还可以去我家吃几个大苹果,要知道,我妈妈是最好客的。"

"你说话可要算数,一定要送我回家哦!"

"一定,一定,你就放心吧!"

见小白狼和小小鹿一起往前走了, 狐小妹他们连忙悄悄地跟了上去。

一路上,小白狼只顾和小小鹿东拉西扯地说话,一点也没有发现被跟踪了。

翻过了几座山,又拐过了几道弯,当他们走到一片小树林时,小白狼突然回头看了看,见后面没有什么异常,便拉着小小鹿一起钻进了小树林。

兔宝贝摸了摸自己的胸口, 不无庆幸地说:"没想到他会突然回头,幸亏闪得快,要不就给发现了。"

狐小妹生出一丝不祥的预感,担忧地说:"小小鹿可能有危险,我们快追上去阻止他！"

可是，当他们追进小树林时，早已没有了小白狼和小小鹿的影子。

兔宝贝急得直搓手："哎呀！我们跟丢了，现在怎么办？"

狗大宝在地上使劲嗅了嗅，说："快，你们跟着我跑！"

于是，大家都跟着狗大宝往前跑。还没跑出多远，突然从一棵大树背后窜出一条大蟒蛇，瞪着两只小眼睛大声喝道："此路是我开，此树是我栽，要想经此过，留下买路钱！"

兔宝贝一看，吓得浑身一哆嗦，赶紧往狗大宝的身后躲。狗大宝也吓得不轻，他战战兢兢地问道："蟒……蟒蛇大叔，你……你要……多……多少钱啊？"

大蟒蛇点点头，意思叫他看地上。狗大宝往地上一看，只见是一幅格子图。

狗大宝没搞懂是什么意思，小声问道："蟒蛇大叔，这……这是干……干吗？"

大蟒蛇解释说："数一数，这里有多少个正方形，数出来后再乘以 10，那就是我要收的买路钱。不过，你要是数错了，就得翻一番，明白吗？"

狗大宝想:这还不容易吗? 便不假思索地回答说:"这,这里一共有 9 个格子,乘以 10 就……就是 90 元钱。"

大蟒蛇笑哈哈地说:"你数错了,买路钱翻一番啦!"

狐小妹虽然也很害怕,这时见狗大宝不会数,只好壮着胆子上前说:"蟒蛇大叔,这里一共有 14 个正方形,乘以 10 就是 140 元,翻一番就是 280 元,对吗?"

数学小博士

第一步,先数单个的小正方形,一共有 $3 \times 3 = 9$(个);第二步,接着数四个小正方形组成的中正方形,有 4 个,最后是九个小正方形共同组成的大正方形,有 1 个,一共有 $9+4+1 = 14$(个),$14 \times 10 = 140$(元),翻一番就是:$140 \times 2 = 280$(元)。

小朋友,请你仔细数一数,算一算,看下图中一共有多少个正方形?

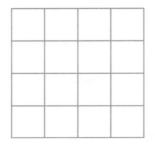

64. 猴子分苹果

大蟒蛇称赞道："嗯，真不错！你们已经过关了，可以过去啦！"

狐小妹诧异地问："蟒蛇大叔，您不收我们的买路钱啦？"

大蟒蛇哈哈大笑道："我只不过是想考考你们，又不是真强盗，收什么买路钱啊？"

狐小妹气得直跺脚，责怪说："蟒蛇大叔，您把我们害惨了，真是的！"

大蟒蛇晃了晃脑袋，不解地问："我把你们害惨了，这是怎么说啊？"

狐小妹解释说："我们正在跟踪小白狼，他把小小鹿骗走了，可能想害她，我们得去阻止他。"

大蟒蛇一听，以为是小孩子们闹着玩，呵呵笑着走掉了。

狐小妹气得不得了，却也无可奈何，只好催促狗大宝继续带头赶路。

好不容易穿过了树林，又被一只大猴子率领着一群小猴子挡住了去路。

"快让开，快让开！"狗大宝不停地驱赶着那些调皮的小猴子，可是小猴子们非但不听他的，反而跑过来拉胳膊抱腿，弄得他寸步难行。

狐小妹和兔宝贝的遭遇也差不多，她们也都被小猴子们缠绊得动弹不得。

老猴子嘿嘿笑道："不是我有心要为难你们，实在是我遇到了一个大难题，如果你们能帮我解开难题，我马上就放你们过去。"

狐小妹一看，没有别的办法，只得耐着性子问："猴公公，到底是什么难题，竟然能难住您这位智多星呢？"

老猴子摆摆手："嗨！别提了，说出来真是惭愧！今天早上，我的一位老朋友来做客，他给我带来了 7 个苹果。等老朋友走后，我的这 12 个小孙子小孙女，都争着抢着要分苹果吃。我想，手心手背都是肉，我得给他们分得公平才是。可是，我想了一整天都没想出办法来，你们能帮我把这些苹果平均分给他们吗？"

狗大宝一听，张着嘴哈哈笑了起来："我说猴公公，看来你真是老糊涂了，你把那 7 个苹果捣碎了，不就容易分了吗？"

老猴子把眼一瞪，气咻咻地说："什么破办法？这我早就想到了，还用你教！"

狗大宝不解地问："你既然想到了，那还拦住我们干什么？"

老猴子还没回答，小猴子们就嚷嚷开了："我们不要捣碎了分，我们不要吃苹果泥！"

兔宝贝想了想说："这也不难，您把 6 个苹果都一切两半，然后给他们每人吃半个不就成了。"

老猴子问道："那不是还剩了 1 个苹果吗？"

兔宝贝笑着说："剩下 1 个您就自己吃了吧。"

老猴子张开嘴说："你看，我牙都掉光了，还吃得动苹果吗？"

兔宝贝一听，也没辙了。

"猴公公，您看这样行不行？"狐小妹也不敢十分肯定地说，"您先把其中的 3 个苹果，每个切成 4 块，这样就有 3×4＝12（块）了，可以分给他们每人一块；再把另外 4 个苹果，每个切成 3 块，这样也有 4×3＝12（块），又可以分给他们每人 1 块。也就是说，他们每

老猴子：一位老朋友给我带来了7个苹果，我的12个小孙子小孙女，都争着抢着要分苹果吃。可是如何平均分这些苹果呢？看来我要先去关注一下《金题总动员》。

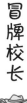

人可以得到一大一小2块苹果。"

> 　　兔妈妈买了5个苹果,要分给6个孩子吃,可是,她不知道该怎样分才公平,你能帮助她吗?(注:小兔子们也不要捣烂了分,也不爱吃苹果泥哦!)

 我来试一试

65. 双头怪物

老猴子一听，高兴地说："这办法真是太好了！谢谢你，帮我解决了大难题。好了，你们快过去吧。"

闯过这一关后，兔宝贝悄悄问狐小妹："你有这么好的办法，为什么不早点说出来呀？"

狐小妹附在她耳边小声说："这个办法听上去不错，但还是有漏洞的。你想呀，那些苹果有大有小，切起来也不一定很标准，这样分到小猴子们的手里，能完全公平吗？"

兔宝贝想了想，觉得有道理，不觉好笑起来。

狗大宝对这些数学问题感到头痛，所以他没兴趣去了解，只顾低着头嗅着地上的气味。正当他嗅得起劲时，突然听见一声奇怪的叫声，他还没来得及抬头看，便听见狐小妹和兔宝贝同时发出了惊呼："啊——怪物！"

狗大宝急忙抬起头一看，前面果然有一个怪物，只见他个头不高，身体却很胖，身上布满了彩色的斑纹，走起路来一摇一摆，那样子看上去既古怪又滑稽，可大家却笑不出来，因为他还长着两个脑袋，而且两个脑袋还会说话。

只听一个脑袋说："快看，前面有三只小动物！"

另一个脑袋接着说："嗯，看上去很好吃的样子，咱们快过去吃他们吧！"

说着，那个怪物就径直向他们走过来。

狗大宝心里害怕，他转身就想跑，可当他看到兔宝贝早被吓得瘫倒在地上，狐小妹也像是被施了定身法似的一动不动时，他只好放弃了逃跑的念头——因为爸爸一直对他说，真正的男子汉，是不会丢下同伴独自去逃命的！

才想了这么一会儿工夫，那个怪物就已经走到了狗大宝的面前，见他虽然站在那里发抖，却一点也没有要逃跑的意思，不由得奇怪起来。

左边的脑袋说："咦，他既然吓得发抖，那为什么还不逃呀？"

右边的脑袋说："我也搞不懂，不如去问问他。"

左边的脑袋点点头："对！我们去问问他。"

两个脑袋一起问道："喂！你为什么看见我们不逃呀？"

狗大宝虽然心里害怕得要命，可他还是挺了挺胸膛说："我是男子汉！我得保护她们！"

左边的脑袋说："哦，原来他是个小英雄，看来我们不该吃他了。"

右边的脑袋附和说："对！他是个小英雄，我们不该吃他。"

左边的脑袋又说："但不知道他是个笨蛋英雄，还是个聪明英雄？"

右边的脑袋想了想，说："那我们出几道题考考他。"

左边的脑袋附和说："对！我们出几道题考考他。"

两个脑袋又一起冲狗大宝喊道："喂！我们现在出道题，如果你能做得出，就说明你是个聪明的英雄，我们就放了你和你的同伴，但如果你做不出，就说明你是个笨蛋英雄，那我们就吃了你和你的同伴，听明白了吗？"

狗大宝没办法，只好硬着头皮说："好，那你们出题吧。"

左边的脑袋说："我来出第一道题，你听着：请问，从 1 到 40 里面有多少个含有 4 的数字？"

数学小博士

　　从 1 到 40 里面含有 4 的数字有：4、14、24、34、40，一共
有 5 个 4。

　　小朋友，请你仔细找一找，从 1 到 100 里面一共有多少
个含有 5 的数字？要相信自己，一定能找出来，加油哦！

我来试一试

冒牌校长

66.手指不够脚趾凑

狗大宝掰着手指头算了一会儿,回答说:"一共有 5 个 4,没错吧?"

怪物显得很吃惊,相互看了看,说:"咦!不是说狗大宝不爱数学吗,他怎么做出来的?"

"我也很奇怪,看来传言并不可信。"

"对,传言并不可信!"

"也可能是刚才这道题太简单了些, 这次让我来出个难一点的。"

"好,你快出个难一点的。"

右边的脑袋想了好一会儿,对狗大宝说:"嗯,这次的题目相当难,你要有心理准备哦!"

"随便什么难题,我是不怕的,你快出吧!"狗大宝难得做对了一道题,便有些骄傲起来。

"那你听题吧——狼妈妈买了一篮子水果,已知 1 个菠萝等于 3 个苹果的重量,1 个苹果等于 3 个橘子的重量,那么,1 个菠萝和 1 个苹果等于几个橘子的重量?"

狗大宝听了题,连忙又掰起手指算了起来:"我先来算 3 个苹果等于多少只橘子的重量,已知 1 个苹果等于 3 个橘子的重量,那么,2 个苹果就等于 6 个橘子的重量,3 个苹果就等于 9 个橘子的重量;我再来算 1 个菠萝等于几个橘子的重量,已知 1 个菠萝等于

3 个苹果的重量,3 个苹果等于 9 个橘子的重量,那么,1 个菠萝也等于 9 个橘子的重量。哈哈,我算出来了,1 个菠萝等于 9 个橘子的重量!"

狐小妹小声提醒说:"不是求 1 个菠萝等于几个橘子的重量,而是求 1 个菠萝和 1 个苹果等于几个橘子的重量,你还漏算了 1 个苹果呢。"

狗大宝马上反应过来:"哦,对!我怎么把那个苹果给忘了?"

于是,他又掰起手指算了起来,可是算着算着,发现数字超过了 10,两只手的手指不够用了,便为难地说:"这可怎么办,我没有那么多手指呀?"

怪物好笑道:"既然手指不够,那就让你的脚趾帮忙嘛!"

"对,快让你的脚趾帮忙吧!"

狗大宝想想有道理,连忙脱下鞋子数了起来。当数到 12 时,发现已经够用了,便小声嘀咕道:"我真够笨的,明明一只脚就够了,我脱两只鞋干吗?"

怪物的两个脑袋同时掩着鼻子叫道:"哎哟!你到底算好了没有呀?这么臭,快要熏死人啦!"

狗大宝一边穿鞋子一边笑呵呵地回答说:"算好了,算好了,1 个菠萝和 1 个苹果等于 12 个橘子的重量。"

因为 1 个菠萝 = 3 个苹果,1 个苹果 = 3 个橘子,3 个苹果 = 3×3 = 9 个橘子,所以 1 个菠萝 = 3 个苹果 = 9 个橘子。

冒牌校长

1 头小猪等于 2 只小狗的体重,1 只小狗等于 2 只小猫的体重,1 只小猫等于 5 只老鼠的体重。请问,1 头小猪等于多少只老鼠的体重?

我来试一试

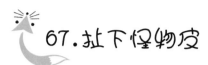

67.扯下怪物皮

怪物听了更吃惊了,右边的脑袋说:"真看不出来,狗大宝越来越厉害了,好像变了个人似的。"

左边的脑袋纠正说:"不对,是好像变了条狗似的。"

右边的脑袋怀疑地说:"是不是我刚才的题目还不够难? "

左边的脑袋想了想:"那就让我再出一道题,如果他还能做出来,我们就承认他是个聪明的英雄吧。"

右边的脑袋连忙答应:"好,如果他还能做出来,我们就承认他是个聪明的英雄! "

狗大宝得意洋洋地说:"快出吧,最好出难一点的,我还嫌做得不过瘾呢! "

左边的脑袋绞尽脑汁,终于想出了一道他自己认为狗大宝是无论如何也做不出来的难题:"有一天,我和小鹿姐姐一起比赛爬楼梯,因为她的腿比我长,所以爬得比我快,我刚爬到 2 楼时,她就已经爬到 4 楼了。现在我问你,如果我和她的速度都不变,当我爬到 4 楼时,小鹿姐姐爬到几楼了? "

狗大宝一听,突然叹了一口气。

怪物不解地问道:"你为什么要叹气? "

"对! 你快说,为什么要叹气? "

狗大宝回答说:"这么简单的题目,你也好意思说成是难题,不就是 8 楼嘛! "

冒牌校长

"我连想都不用想！"狗大宝又补充了一句。

怪物的两个脑袋互相对视了一眼，同时哈哈大笑起来。

这下轮到狗大宝不解了，他问道："你们笑什么？"

左边的脑袋说："我们笑你终于出错了。"

右边的脑袋马上说："对！我们笑你终于出错了。"

狗大宝不服气："怎么错啦？因为你爬到 2 楼时，小鹿姐姐已经爬到了 4 楼，小鹿姐姐的速度是你的 $4÷2＝2$ 倍，所以当你爬到 4 楼时，小鹿姐姐就爬到了 $2×4＝8$ 楼。"

左边的脑袋分析说："因为我爬到 2 楼时，只爬了 1 层楼梯，小鹿姐姐爬到 4 楼，爬了 3 层楼梯，她的速度是我的 $3÷1＝3$ 倍，所以当我爬到了 4 楼时，她就爬到了 $(4-1)×3+1＝10$ 楼。"

右边的脑袋说："他答错了，说明他不是个聪明英雄。"

左边的脑袋说："他答错了，说明他是个笨蛋英雄。"

右边的脑袋磨了磨牙："既然他是个笨蛋英雄，那我们就把他吃了吧！"

左边的脑袋也磨了磨牙："既然他是个笨蛋英雄，那我们就把他的同伴也一起吃了吧！"

说着，双头怪物突然伸出四条胳膊，张牙舞爪地要来抓狗大宝他们。

狐小妹冷笑一声，一个箭步冲上去，抓住怪物的后背用力一扯，只听"哗啦"一声，怪物的皮被扯了下来。大家定睛一看——原来这个怪物是小白狼和小小鹿假扮的。

数学小博士

　　爬楼梯我们要记住,一楼是不需要爬的,爬到 2 楼其实只爬了 1 层,爬到 3 楼其实只爬了 2 层,爬到 4 楼其实只爬了 3 层……通过以上现象,我们就可以得出这样的结论,楼数 −1 = 层数,层数 +1 = 楼数;怪物爬到 4 楼时,其实他爬了 4−1 = 3 层, 小鹿姐姐爬了 3×3 = 9 层,9+1 = 10 楼。答:小鹿姐姐爬到了 10 楼。

　　放学回家时,小明和爷爷比赛爬楼梯,当小明爬到 3 楼时,爷爷才爬到 2 楼,如果他们的速度保持不变,那么,当小明爬到 7 楼时,爷爷爬到了几楼?

68. 勇敢者的奖励

狗大宝一看,原来是小白狼和小小鹿在装神弄鬼,不禁气愤地责问道:"你们俩干吗?想吓死人呀!"

小小鹿笑嘻嘻地说:"小白狼正在送我回家呢,你们在干吗?"

兔宝贝一骨碌从地上爬起来,气呼呼地说:"你还说呢?这还不都是为了你!"

"为了我?为了我什么呀?"小小鹿感到莫名其妙。

"他们是怕我吃了你,所以从学校一直跟踪到这儿的。"小白狼阴着脸戳穿道。

"吃了我?嘻嘻,真好玩!"小小鹿好像碰到了什么特别开心的事,竟笑了起来。

狐小妹见跟踪计划已经失败,只好怏怏地说:"算了,我们回家吧。"

三只小动物都耷拉着脑袋往回走,背后隐约传来了小小鹿和小白狼的对话声。

小小鹿:"小白狼,他们为什么怀疑你要吃了我呀?"

小白狼:"哼哼!他们一定是侦探小说看多了。"

小小鹿:"我看也是,嘻嘻。"

听到这里,兔宝贝忍不住小声嘀咕道:"可恶的小小鹿,竟然和小白狼串通了来吓我们!"

狐小妹叹了一口气:"唉!都怪我们太大意,被小白狼发现了。"

狗大宝劝道:"幸亏小小鹿没事,我们应该高兴才对!"

兔宝贝撅着嘴说:"有什么好高兴的,我倒希望她吃点苦头,哼!"

他们边说边走,不知不觉又快到三岔路口了,狐小妹突然对兔宝贝说:"今天狗大宝表现得非常勇敢,为了我们,他竟然没有独自去逃命!"

兔宝贝点点头:"是呀,是呀!以前我一直不知道,狗大宝是这么勇敢的。"

听了她们的夸奖,狗大宝不自觉地挺起了胸膛,嘴上却假装谦虚道:"哪里呀,这是每一个男子汉都应该做的。"

狐小妹提议说:"他这么勇敢,我们是不是应该好好奖励他一下呀?"

兔宝贝马上同意:"好呀,好呀!可是,我们奖励他什么呢?"

狐小妹想了想说:"你有没有发现,今天狗大宝的数学水平突然变好了?要不,我们就奖励他做一道数学题吧。"

狗大宝摇着脑袋说:"这叫什么奖励啊?惩罚还差不多!"

兔宝贝觉得很有趣:"我来出,我来出,狗大宝听好了,一根木料锯成 2 段需要 2 分钟,如果要把它锯成 4 段,需要几分钟?"

狗大宝想了想,说:"需要 4 分钟吧。"

"哈哈,你又错了,是 6 分钟。"兔宝贝笑着纠正道。

狐小妹笑了笑说:"这种奖励对他来说太重了,我们还是换一种给他吧。"

狗大宝连忙点头:"对,换一种奖励好,换一种奖励好!"

兔宝贝问道:"那要换什么呢?"

狐小妹笑嘻嘻地说:"奖励他送女同学回家,好不好?"

"啊!这个奖励比刚才的还惨!"

冒牌校长

千伶百俐 狐小妹

狗大宝夸张地大叫一声,一屁股跌坐在地上。狐小妹和兔宝贝顿时笑成了一团……

数学小博士

数学小博士:这道题目其实和爬楼梯差不多。锯成 2 段需要锯 1 次,锯成 3 段需要锯 2 次,锯成 4 段需要锯 3 次……它的规律也是:段数 −1 = 次数,次数 +1 = 段数;既然锯成 2 段需要 2 分钟,那么,锯成 4 段则需要 $(4-1) \times 2 = 6$ 分钟。

69.狐狸偷鸡

　　狐小妹发现了新线索,她悄悄地叫上狗大宝和兔宝贝,一起向传说中的魔鬼洞进发。

　　刚走到半路上, 他们远远地看见独眼狼和瘸腿狼正低着头在地上画着什么。过了一会儿,又交头接耳地商量了一阵,便急匆匆地往前跑了。

　　他们走上前去一看,只见写着:几只狐狸去赶集,半路偷了一窝鸡,一狐一鸡多一鸡,一狐两鸡少两鸡,回来碰到大白狼,既得狐狸又得鸡。

　　狗大宝挠着头问:"这是什么呀? 怎么看得人莫名其妙? "

　　兔宝贝对狐小妹看了看,问道:"狐小妹,他们是不是在说你偷鸡呀? "

　　狐小妹没好气地说:"偷什么鸡呀? 那是他们瞎编的。 "

　　狗大宝又问道:"可这是什么意思呀? "

　　狐小妹解释说:"有几只狐狸上街去, 走到半路时偷了人家一窝鸡,假如每只狐狸分 1 只鸡,分到最后就会多出 1 只鸡,假如每只狐狸分 2 只鸡,分到最后又会缺少 2 只鸡,他们回来时碰到一只大白狼,结果让大白狼既逮住了狐狸又逮住了鸡。 "

　　兔宝贝还是有点不明白:"那到底有几只狐狸和几只鸡呀? "

　　狐小妹算了算说:"嗯,一共有 3 只狐狸和 4 只鸡。 "

　　狗大宝吃了一惊:"啊! 这么多狐狸和鸡,都被大白狼抓走啦? "

冒牌校长

兔宝贝捣了他一拳，开玩笑说："你这个笨蛋，狐小妹不是还好好地和我们在一起嘛！"

狐小妹摆了摆手，说："别开玩笑，我们快追上去看看，那两只小狼到底想干什么？"

"好！""好！"

狗大宝和兔宝贝跟着狐小妹一起往前追去。

他们一直追到魔鬼洞附近，没有发现独眼狼和瘸腿狼。

狐小妹说："我们到洞里去看看，说不定他们正躲在里面呢。"

兔宝贝连忙一把拉住她："来时你不是说过我们不进洞的吗？"

狐小妹笑了笑说："都已经来了，为什么不进去看看究竟呢？"

兔宝贝急了："原来你是骗我的呀！"

狐小妹劝道："你别相信那些传言，其实世界上根本就没有魔鬼。"

"谁说没有？"兔宝贝反驳道，"前几天晚上，小黑牛和小毛驴进了这个魔鬼洞后，就再也没有出来。"

"你说什么？"狐小妹大吃一惊，"你是说，他们是进了这个魔鬼洞后才失踪的，那你怎么不早说呀？"

"我……我……"兔宝贝犹豫了一下，接着说，"我也是昨天晚上才无意中发现的。当时，我妈妈和爸爸正在说悄悄话，他们说，他们看见小黑牛和小毛驴一走进这个魔鬼洞，就发出了两声可怕的惨叫，随后就无声无息了，肯定是被那个魔鬼吃掉了！"

假如每只狐狸分1只鸡，分到最后就会多出1只鸡，假如每只狐狸分2只鸡，分到最后又会缺少2只鸡，到底有几只狐狸和几只鸡呀？

关注《金题总动员》，海量趣题等你解析。

冒牌校长

千伶百俐 狐小妹

分析——已知每只狐狸分 1 只鸡，鸡就多了 1 只，每只狐狸分 2 只鸡，鸡就少了 2 只，一出一进差了 1+2＝3 只鸡，为什么会差 3 只鸡呢？那是因为每只狐狸多分了 2－1＝1 只鸡造成的；每只狐狸多分 1 只鸡，那么，多 3 只鸡就说明有 3÷1＝3 只狐狸。求出了狐狸的数量，有多少只鸡就好算了，1×3+1＝4 只，或者这样算，2×3－2＝4 只。

鸡妈妈分虫子，如果给每只小鸡分 2 条虫子，分到最后还多了 3 条虫子，如果给每只小鸡分 3 条虫子，分到最后又缺了 4 条虫子，小朋友，你知道鸡妈妈共有几只小鸡和几条虫子吗？

 我来试一试

70.魔鬼洞里的骨头

听了兔宝贝的讲述,狐小妹感到事态严重,她沉默了一会儿,说:"那我们更应该进去查看一下。这样吧,兔宝贝,你既然害怕,就守在洞口,我和狗大宝进去。万一我们发生了什么不测,你赶快去报告神奇警长。"

兔宝贝说:"你们别进去了,我们还是一起去报告神奇警长,让他带领警察来对付那个魔鬼吧。"

狐小妹见狗大宝也有些犹豫,便说:"狗大宝,要是你也害怕的话,就和兔宝贝一起守在洞口好了,我一个人进去。"

狗大宝摇了摇头:"那怎么行? 我可是堂堂男子汉,保护女生是我的责任! "

说着,就带头钻进了山洞。

兔宝贝还想阻拦,狐小妹拍了拍她的肩膀,也跟着走了进去。

山洞很深,也很暗,狗大宝在前头高一脚、低一脚,小心翼翼地往里摸索,还时不时地回头叮嘱狐小妹要当心。

这样往里走了十几米,狗大宝突然被什么东西绊了一下,差点摔倒,幸亏狐小妹及时将他扶住。

"什么鬼东西? "狗大宝小声地咒骂了一声。

他刚弯下腰,想去地上摸索,狐小妹却划亮了火柴,定睛一看,只见地上有许多动物的骨头。

狗大宝吓得跳了起来,他倒吸了一口凉气,害怕地说:"这里怎

冒牌校长

么会有这么多骨头？"

狐小妹觉得那些骨头摆放得有点奇怪，又划亮了一根火柴，仔细往地上一看，只见摆的竟然是两道数学竖式：

$$
\begin{array}{r}
狐\ \ 3 \\
+\ 2\ \ 狸 \\
\hline
1\ 1\ 7
\end{array}
\qquad
\begin{array}{r}
进\ \ 8 \\
-\quad\ 洞 \\
\hline
1\ \ 4
\end{array}
$$

狐小妹自言自语地说："我先来算出'狸'是多少？狸 = 7−3 = 4;再来算'狐'是多少？狐 = 11−2 = 9;然后是'进'了，嗯，'进'不用算，直接就可得出是 1,最后,洞 = 8 − 4 = 4;哦,好了,全部算出来了,'狐狸进洞' = 9414。"

狗大宝不解地问："狐狸进洞 = 9414,这是什么意思呀？"

狐小妹提醒说："你把那个'1'读成'幺'试试。"

"狐狸进洞等于韭是幺是,狐狸进洞等于韭是幺是。"狗大宝连读了两遍,可还是不知道是什么意思。

狐小妹解释说："狐狸进洞等于就是要死,意思是说,我进了这个洞,就是来送死的。"

狗大宝大吃一惊："啊！这……这……这是真的还是假的？"

狐小妹脸色凝重地说："看来,这是有人故意布下的陷阱,目的就是要引我进来,他好趁机向我下毒手！"

"那我们还不快走！"狗大宝又惊又急,拉起狐小妹的手就要往洞外跑。

狐小妹叹了一口气："唉！已经来不及了。"

我和狗大宝进了魔鬼洞后,见狗大宝非常紧张,为了使他放轻松,便和他猜起来了谜语——"狗大宝,'马路不拐弯'这句话,你知道是一个什么数学名词吗?"狗大宝想了好一会儿,才说:"是照直走吧?"我好笑道:"照直走哪是数学名词呀?这应该是'直线'。"

　　小朋友,你知道1-1是个什么字吗?

71. 老虎的美味

狗大宝没听懂狐小妹的话，可他还没来得及提问，山洞深处便传来了一阵令人毛骨悚然的怪啸声，同时，山洞里的火把也突然被点亮了。狗大宝揉了揉眼睛，再仔细往前一瞧，顿时惊得目瞪口呆——只见一只样子看上去非常凶恶的猛虎，正张着血盆大口，好像随时要扑上来把他们生吞活剥了似的。

那只猛虎扫了狐小妹一眼，粗声粗气地说："好你只小狐狸，竟敢闯进我的魔王洞，胆子倒不小，难道你不怕死吗？"

狐小妹也用眼角扫了他一眼，轻蔑地说："如果你想让我害怕，就不该出来，你现在出来了，我反倒不觉得你有什么好怕的。"

猛虎闻言一怔，不解地问道："你这是什么意思，难道我的样子还不可怕吗？"

"不可怕！"狐小妹冷笑道，"因为你根本就不是一只猛虎！"

"何以见得？"猛虎心里暗暗吃惊。

狐小妹反问道："你先告诉我，你有多重？"

猛虎拿出笔，在纸上写了一会儿，揉成一团后扔过来说："我的体重就在这张纸上写着呢，你自己算吧。"

狐小妹从地上捡起纸团，展开来一看，只见上面写道：如果把我的体重减掉一半，再加上 10 千克，再减掉一半，再乘以 4，最后正好等于 100 千克。"

狐小妹算了算，嘲笑说："你这只老虎只有 80 千克，也太瘦了点吧？"

猛虎摇了摇自己的大脑袋，又扭了扭自己的小身子，叹道："唉！你是不知道，我常常有一顿没一顿的，哪能长得胖？这不，我又有三天没抓到小动物吃了，都快饿得头昏眼花啦！"

狗大宝插嘴道："你可以吃水果、青菜什么的，干吗非要抓小动物吃呀？"

大头老虎又好气又好笑地反问道："你什么时候见过吃素的老虎？"

狗大宝天真地说："没见过不代表没有。不信，我给你个果子尝尝，保证你喜欢！"

大头老虎叹了一口气："唉！虽然你说好吃，可这种东西我吃不惯呀！"

狗大宝继续劝说道："不习惯可以慢慢去习惯，我小时候也不喜欢吃素菜，可一直坚持吃，到现在不也习惯了吗？"

大头老虎哈哈大笑道："眼前就放着两道美味我不吃，反倒去吃什么素菜和果子，你真当我是傻瓜啊？"

狗大宝奇怪地问："什么两道美味，在哪儿呢？我怎么没看见呀？"

狐小妹哭笑不得道："你真傻，到现在还没有听出来，他说的那两道美味不就是我们俩吗？"

冒牌校长

225

数学小博士

要想算出大头老虎的体重,得用倒推法才行,所谓倒推法就是从最后的结果,一步一步往前推,一直推出最初的数字的方法。我们来看,这里的最后结果是100千克,我们来一步一步往前推。第一步,$100 \div 4 = 25$ 千克;第二步,$25 \times 2 = 50$ 千克;第三步,$50 - 10 = 40$ 千克;第四步,$40 \times 2 = 80$ 千克。答:大头老虎的体重是80千克。

老奶奶提着篮子上街去卖鸡蛋,第一个人买了篮子里的一半;第二个人也买了篮子里的一半;第三个人又买了篮子里的一半;当第四个人来买鸡蛋时,发现篮子里只剩下五个鸡蛋,他就一起买走了。请问,老奶奶的篮子里原来一共有多少个鸡蛋?

我来试一试

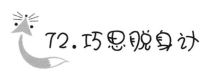

72.巧思脱身计

　　狗大宝还在发怔,狐小妹忙推了他一把,催促道:"还不快跑!"

　　狐小妹说完,拉着狗大宝就想逃。可他们还没抬起脚,就一下子定住了。只见洞口已经被独眼狼和瘸腿狼堵住了。

　　狐小妹冷冷地说:"你们果然是一伙的!"

　　大头老虎嘿嘿一笑,得意地说:"好不容易把你们骗进来,再让你们逃掉,叫我往后这脸往哪儿搁呀?"

　　独眼狼眉开眼笑地说:"狐小妹,这下你跑不了啦!"

　　瘸腿狼也美滋滋地说:"狐小妹,就算你再聪明机智,到了这里,也只能乖乖地给我们当美餐,嘿嘿!"

　　狗大宝听了,连忙往狐小妹的身前一护,说:"你们别碰她,要吃就吃我吧!"

　　独眼狼冷笑一声:"你别急,一会儿就轮到你!"

　　大头老虎故作惋惜地说:"啧啧!这么聪明的小狐狸,我还真不忍心吃呢!"

　　瘸腿狼和独眼狼马上说:"大王,既然你不忍心吃她,那就让给咱俩吃吧!"

　　说着,就要向狐小妹扑来。

　　"慢!"狐小妹大声说道,"我还有话要说!"

　　大头老虎挥了挥手,命令两只小狼退下,问道:"你有什么话?快说吧。"

冒牌校长

狐小妹煞有介事地说："我有一个心愿没了，如果你们现在就把我吃了，我会死不瞑目，死后一定会变成厉鬼来找你们的。"

大头老虎问："那，你的意思是不是说，只要你的心愿了了，你就心甘情愿地给我们吃？"

狐小妹点了点头："只要我的心愿一了，心中自然就没有怨气了，哪里还能变成厉鬼嘛？"

大头老虎也挺迷信，听了狐小妹的话，便点点头："嗯，你说得很有道理。好吧，你快点说，你到底还有什么心愿没了？"

狐小妹说："谁都知道我是个数学迷，生来就喜欢做数学题，当然，这也是为什么我会比一般的小动物更聪明的原因。"

独眼狼和瘸腿狼似有所悟地说："哦，怪不得，原来做数学题可以使人变聪明呀！"

大头老虎对两只小狼看了看，说："听见没有，以后你们也要多做数学题。"

狐小妹继续说："可是上个星期，我突然碰到了一道大难题，直到现在都没能解出来，我发誓，做不出来绝不罢休。现在，我就要被你们吃了，但如果你们能帮我解出来，我不仅不会恨你们，反而还要感激你们。"

大头老虎听了，满不在乎地说："我当是什么大不了的事情，原来就为一道数学题呀！好了，你快把题目报出来，我马上为你解决，我都等不及要吃你们啦！"

狐小妹心里暗暗高兴，表面上却依然装出一副愁眉苦脸的样子，她慢腾腾地从口袋里掏出一根透明的塑料软管晃了晃，只见软管里有两颗红球和一颗绿球。

大头老虎不知道是什么意思，问道："这是干吗？"

狐小妹解释说："如果你能帮我把中间那颗绿球从塑料软管里

取出来,我的大难题就解决了。不过,你不能先取出两边的红球,也不可以把软管弄破,否则,就算犯规。"

数学小博士

先把塑料软管的两头对接,接着把其中一颗红球从对接口滚动到另一边,使两颗红球位于同一边,然后把软管重新拉直,把绿球取出软管就行了。如下图:

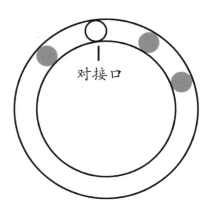

对接口

冒牌校长

73. 现在是第几名

大头老虎走过来,把软管拿在手里就开始摆弄起来,可无论他怎么弄,都没法把绿球直接取出来。他抬头看看两只小狼,不满地说:"你们当是看戏啊,还不快过来帮忙。"

两只小狼也早就跃跃欲试了,闻言赶紧走了过去。

狐小妹见机不可失,轻轻捅了捅也正看得入神的狗大宝,示意赶快溜。

狗大宝马上回过神来,忙和狐小妹一起轻手轻脚地往洞口挪着脚步。当他们悄悄地挪到洞口时,回头看见那三个坏蛋还在那里摆弄得起劲。狐小妹连忙大喊一声:"快跑!"

等到大头老虎发现上当,急忙追出洞口时,狐小妹他们早就跑得无影无踪了。

狐小妹和狗大宝一口气跑出了十几千米路,直到确信安全了,他们才停下来,在路边大口大口地喘着粗气。

休息了一会儿,狐小妹突然觉得不对劲,连忙问:"咦,兔宝贝呢?她怎么没和我们在一起呀?"

狗大宝想了想说:"你不是叫她守在洞口吗?她可能是听到我们发生了危险,先跑去报告神奇警长了吧?"

狐小妹点点头:"嗯,很有可能,那我们先回学校去吧。"

正在这时,突然听见有人大声喊:"哎,你们等等我呀!"

回头一看,见是一只黄鼠狼,原来就是先前从黑牢逃掉的那只。

那只黄鼠狼跑得满头大汗，气喘吁吁地说："你们别急着走，我有封信要送给你们！"

狐小妹奇怪地问："信，什么信？是谁给我们的信？"

黄鼠狼一边把一张皱巴巴的纸条拿出来，一边说："是我们大王写给你们的，自己拿去看吧！"

说完，不等狐小妹再说什么，扔下纸条就赶紧逃走了。

狐小妹捡起纸条一看，只见上面写着：

狐小妹、狗大宝：

你们好！当你们收到这封信的时候，你们的好朋友兔宝贝正在受着非人的折磨！如果你们想要救她，就请在 W 小时内赶到"快乐天堂"来谈判。不过，你们一定得记住——假使你们迟到或者胆敢报警的话，就直接来给她收尸吧。

至于那个 W 小时，可借由以下问题得出——在动物运动会的长跑比赛上，兔宝贝拼尽全力，终于超过了排在她前面的第二名运动员。请问，她现在排在第几名？

你们的老朋友：大头老虎

狗大宝看了，大惊失色道："哎呀，不好！我们只剩下一个小时了，快跑！"

狐小妹一把拉住他，说："别急，我们还有两个小时呢，得好好商量一下后再去！"

数学小博士

这个题目一般很容易让人上当,大家往往会想——既然兔宝贝已经超过了排在她前面的第二名运动员,那她不就是第一名了吗?其实这里有一个误区,参加长跑比赛的不仅仅是两只小动物,而是有很多小动物,兔宝贝的前面既然有第二名,那一定还有个第一名,她超过了第二名,不过是从第三名变为第二名,而前面的第一名还没超过呢!所以,正确答案是,现在她排在第二名,那个 W 小时就是 2 小时。

小红和小明轮流取牌,规定每人每次只能取三张牌,当小明取第 45 张牌时,小红已经取了几张牌了?

我来试一试

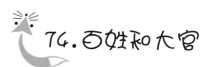

74. 百姓和大官

狗大宝急慌慌地说："就算是还有两个小时，那我们也得赶紧呀！有什么好商量的？"

狐小妹回答说："当然得好好商量一下，要不然，就凭我们俩，还不是去飞蛾扑火呀！"

"难道……难道你要去报警？你别忘了，如果我们去报警的话，兔宝贝就会没命的。"

"狗大宝，我问你，大头老虎只知道我们俩，对不对？"

"是啊，那又怎么样？"

"如果我们俩都去赴约，他是不是就不会怀疑我们报警了？"

"可是，这有什么用呢？既然我们两个都去了，当然就没人去报警了。"狗大宝还是不明白。

狐小妹轻轻一笑，说："这就有办法了，如果我们请另外一个人去报警，而自己直接去赴约，是不是就可以瞒过他了？"

狗大宝想了想，觉得是这么回事，可转念一想，又犯难了："话是说得不错，可这里就我们两个，哪有人帮我们去报警啊？"

狐小妹往后面一指："瞧！那里不是好好的有一个过来了吗？"

狗大宝返身一看，见猪小聪正在晃悠晃悠地往这边走。

狗大宝亮开嗓门喊道："嗨！猪小呆，你走快点，我们有事要请你帮忙！"

猪小聪听见了，答应一声，赶紧跑了过来，问道："哦，狗大宝，

冒牌校长

233

你找我有什么事呀？"

"猪小呆，你快帮我们去报警，快点，赶快去！"狗大宝着急地说。

猪小聪听得一头雾水："你要我去报什么警呀？"

"猪小呆！"

狐小妹叫道，刚要往下说，猪小聪却不乐意了，嘟着嘴说："狐小妹，你怎么也这么叫我呀？"

狐小妹连忙道歉："真对不起，我是一时性急，不小心漏出来的。哎，不对！"

猪小聪问道："有什么不对？"

狐小妹反问道："狗大宝不知叫过你多少声猪小呆了，也没见你计较过，怎么我才叫你一声猪小呆，你就不乐意啦？"

"那不一样！"猪小聪摇头晃脑地说，"他和我一样，在班级里都属于平头老百姓，而你是班长，又是学习委员，是大官，当官的当然不能像老百姓一样乱叫人！"

听了猪小聪的解释，狐小妹真有点哭笑不得，可她现在没空去计较这些，急忙把事情的原委讲了一遍，末了，又焦急地问："猪小聪，你能帮我们这个大忙吗？"

猪小聪拒绝道："不行，我回家还有好多事要办呢！"

狐小妹问道："那你快把你要办的每件事，各需要多少时间，都说给我听吧！看我能不能帮你挤点时间出来？"

猪小聪想了想说："我一般是这样的——烧开水要 30 分钟，洗碗要 15 分钟，浇花也要 15 分钟，听广播要 60 分钟，扫地要 20 分钟，擦桌子要 10 分钟，干完这些，总共需要 30+15+15+60+20+10=150 分钟。

狐小妹听了，高兴地说："猪小聪，我告诉你，做完这些事只需要 60 分钟，你去警察局报警的来回也只需要 60 分钟，还多出 30 分钟的时间可以玩呢！"

数学小博士

　　猪小聪回家后，先把广播打开，一边听广播一边烧开水，烧开水的同时可以洗碗和浇花，洗好碗浇好花后，开水也就烧开了；再一边继续听广播一边擦桌子和扫地，等桌子擦好，地扫好，广播也正好听完。所以干完全部这些事，总共只需要听广播的 60 分钟，因为听广播只需用耳朵就可以了，而腾出的手脚正好可以干其他事。

75.惊天大秘密

　　见猪小聪一脸茫然，狐小妹就附在他耳边悄悄地把方法说了，听得猪小聪连连点头："嗯，这办法好！我现在就回家做事去，然后马上去警察局报告！"

　　狐小妹一听，急了："别别！你得先去警察局报告，不然，不但兔宝贝救不出来，连我和狗大宝都要完蛋啦！"

　　猪小聪笑嘻嘻地说："当然是先去警察局了，我只是开个玩笑而已，嘿嘿！"

　　说完，一溜烟地跑了。

　　狗大宝摇摇头："这都什么时候了，他还有心情开玩笑！"

　　狐小妹说："别说了，我们快去救兔宝贝吧！"

　　狗大宝答应一声，带头往前跑去，狐小妹也急忙追了上去。

　　一路心急火燎地跑了一个多小时，他们终于跑到了那座悬崖脚下，那只黄鼠狼正眼巴巴地等着呢！一见狐小妹他们来了，连忙过来点头哈腰地打招呼："哎呀！两位小朋友啊，可把你们等来了，快，咱们大王正在上面等着呢！"

　　狐小妹看看时间还早，有心想拖延一下，便没理会，而是指着高高的悬崖说："狗大宝，你说，如果从这里往悬崖上爬，大概要多少时间才能爬上去？"

　　狗大宝挠了挠头："一个数据都没有，叫我怎么算啊？"

　　狐小妹不紧不慢地说："听好了，假使这座悬崖高 450 米，开始

5 分钟,由于你体力好,每分钟可以往上爬 50 米,但是接下来,由于体力下降,每过一分钟,速度就要下降 5 米,请问,你爬到顶上一共需要多少分钟?"

狗大宝找了根树枝,趴在地上吭哧吭哧算了好长时间,爬起来说:"我算出来了,一共需要 10 分钟。"

狐小妹故意问:"你怎么算的?"

狗大宝分析道:"已知悬崖高 460 米,我开始 5 分钟,每分钟可以往上爬 50 米,这样就爬了 5 × 50 = 250 米,还剩下 460−250 = 210(米),由于接下来每分钟比原来少爬了 5 米,即每分钟爬 45 米,210 ÷ 45 ≈ 4.7 分钟,算 5 分钟吧,加起来一共需要 10 分钟。"

狐小妹笑道:"你算得不错,有进步了。不过你没有审清题意,从第 6 分钟开始,你每过一分钟速度就要下降 5 米,意思就是说,你后一分钟要比前一分钟下降 5 米,像这样,你第 6 分钟只爬了 45 米,第 7 分钟只爬了 40 米,第 8 分钟只爬了 35 米……根据推算,最后得出的结果是:总共需要 12 分钟。"

黄鼠狼听得不耐烦了,催促道:"求求你们别算了,赶快上去吧,大王快要生气了!"

狐小妹看看时间差不多了,便说:"真是'皇帝'不急'太监'急!算了,看你这么可怜兮兮的,我们就跟你上去吧!"

于是,黄鼠狼带头,大家一起往上爬去。

爬到悬崖顶上一看,狐小妹和狗大宝都愣住了——咦?绵羊校长怎么会在这里?再往旁边一看,只见兔宝贝被捆住了手脚扔在地上。

看到狐小妹一副迷惑不解的表情,绵羊校长阴恻恻地说:"嘿嘿,你们瞧瞧我是谁?"

说着,"唰"的一声,把绵羊皮撕了下来。狐小妹差点惊叫起来,

绵羊校长阴恻恻地说："你们瞧瞧我是谁?"说着,把绵羊皮撕了下来。原来假扮绵羊校长的是那个刻薄的狼妈妈!一起关注《九优数学故事汇》,发现更多悬疑故事。

原来假扮绵羊校长的不是别人，正是那个刻薄的狼妈妈——大白狼！

狐小妹讲笑话

老师问兔宝贝："你今天上课怎么老走神?"兔宝贝回答说："我正在一边听您讲课，一边思考您提出的问题呢。"老师故意问："哦，那你说说，我刚才都提了哪些问题呀?"兔宝贝大声回答道："您的问题就是——兔宝贝，你今天上课怎么老走神?"

冒牌校长

76. 鼠王的降书

狗大宝大声叫嚷道:"喂喂!你把校长怎样了?"

大白狼冷笑说:"你是说那只傻头傻脑的老绵羊啊,他早就在我和我儿子们的肚子里了,嘿嘿!"

狐小妹急忙问道:"那,那小咩咩呢?她根本没去外婆家,对不对?"

大白狼拍了拍自己的肚子说:"去外婆家?哦,对,没错!这么鲜嫩的小肥羊,她当然得去外婆家啦,不过她的外婆住在我这儿哩!"

"那些失踪的小动物呢?是不是也是被你害死的?"

"这可不是我干的,我只是出出主意,具体都是我那两个兄弟干的。可惜啊!我那两个兄弟全叫警察打死了。"

"原来这一切全是你捣的鬼!"狐小妹眼睛都快气红了。

大白狼笑呵呵地说:"别动气,别动气,气坏了身子可不好。像你这么聪明的小狐狸,我还想请你做我的小军师呢!到时候,咱们联手……"

"你做梦!"狗大宝愤怒地打断道,"做你的小军师,和你一起去干坏事?你想也别想,哼!"

大白狼似笑非笑地说:"你就是狗大宝吧?听说你很讲义气,不如你也投到我麾下,我封你当大将军,怎么样?"

狗大宝攥紧拳头,大声说:"我才不要当什么大将军呢!你快把兔宝贝放了,否则,我就对你不客气啦!"

大白狼轻蔑地说:"现在你们都自身难保了,还在说大话!"

狗大宝气得浑身发抖,正想扑上去拼命。这时,小白狼急匆匆地跑来,兴奋地叫道:"妈妈,妈妈,我要告诉你一个好消息……"

大白狼皱了皱眉头,不满地打断道:"和你说过多少回了,在外人面前得叫我大王,怎么老忘掉?"

小白狼摸了摸自己的后脑勺,说:"哦,对不起! 大王,我一高兴就给忘了。"

大白狼挥了挥手:"算啦,你快说,是什么好消息?"

小白狼连忙汇报说:"报告大王,猫爸爸、猫妈妈和老鼠叛军一起,已经把老鼠女王抓住了。"

大白狼闻言大喜,问道:"那,老鼠女王归顺了没有?"

"降了,降了,她还说,她将派大军来助我们一臂之力,瞧,这是她签署的投降书,还有一封密信!"

大白狼先接过投降书看了一下,见里面全是谦卑之词,说什么谢谢大王不杀之恩,永不再反,等等。大白狼又展开密信,只见上面写道:

为了配合大王的行动,我已派遣灰鼠将军和黑鼠将军,率领精锐部队前来汇合,一切行动都将听从大王的调遣! 具体兵力如下:如果从灰鼠军中抽出 100 名士兵编入黑鼠军中,两军的士兵数就一样多,如果从黑鼠军中抽出 100 名士兵编入灰鼠军中,灰鼠军士兵数正好是黑鼠军士兵数的两倍。

冒牌校长

千伶百俐 狐小妹

数学小博士

如果从灰鼠军中抽出 100 名士兵编入黑鼠军中，两军的士兵数就一样多，由此可知，灰鼠军原来比黑鼠军多 100+100＝200 名士兵；如果从黑鼠军中抽出 100 名士兵编入灰鼠军中，灰鼠军的士兵数正好是黑鼠军的两倍，这样，灰鼠军在原来的基础上又比黑鼠军多了 100+100＝200 名士兵；现在灰鼠军总共比黑鼠军多 200+200＝400 名士兵；我们把多出的 400 名士兵看作是 1 倍，两倍正好是 2×400＝800 名士兵；也就是说，灰鼠军增加了 100 名士兵就变成了 800 名士兵，原来应该是 800-100＝700 名士兵；而黑鼠军减少 100 名士兵就是 800 的一半，也就是 800÷2＝400 名士兵，原来应该有 400+100＝500 名士兵。

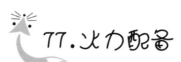

77.火力配备

大白狼算了算，高兴地说："她一共派来了1200名老鼠兵，这真是太好了！"

正在得意之际，独眼狼和瘸腿狼也跑来报告："大王！我们已经把黄鼠狼老大王收服了，他在我们的威逼下，已经派出了300名黄鼠狼兵，将很快赶到这里，听从您的指挥！"

"哈哈，哈哈，哈哈哈……"大白狼放声大笑了一会儿，又咬牙切齿地说，"只要那两支大军到达，我就可以去进攻警察局了，我一定要把那个可恶的神奇警察抓起来，把他碎尸万段！好为我那两个冤死的兄弟报仇雪恨！"

骂了一阵，又转过头来看了看狐小妹，说："你很聪明，应该知道和我作对是绝对没有好下场的。如果你答应做我的小军师，我不仅不会伤害你，还可以放了你的朋友，怎么样？"

狐小妹东张张，西望望，却不说一句话。

大白狼有点不耐烦了："你还在等什么？爽快点，到底愿不愿意加入？"

狐小妹想了想，说："既然是这样，那你干吗还不放了兔宝贝？"

"这个嘛，好说！"大白狼努了努嘴，叫小白狼去给兔宝贝松绑。

兔宝贝脱了绑，连忙奔过来，着急地说："狐小妹，咱们快逃吧！"

狐小妹摇了摇头："你们先走吧，我得留下！"

兔宝贝和狗大宝都急了,一起责问道:"难道你想留下,和他们一起去干坏事?"

狐小妹眨了眨眼睛,故意说:"加入他们有什么不好,至少以后没有人敢欺负我了,我劝你们也一起加入吧!"

兔宝贝虽然没完全弄明白狐小妹的意思,可她知道狐小妹这样说一定是别有用意的,要不,她也不会一个劲地给自己使眼色了。

狗大宝可不管这些,他怒气冲冲地说:"狐小妹,你要是真敢和他们去干坏事,我就和你绝交!"

狐小妹叹了口气,说:"唉!你一定要和我绝交,我也没办法,随便你吧!"

狗大宝简直气坏了,他拉起兔宝贝的手,转身就要离开,独眼狼突然挡住了他的去路,恶狠狠地说:"想离开可以,先把脑袋留下!"

说着,就要动手。

狐小妹急忙劝阻道:"先别动手,我有话要说!"

独眼狼没好气地说:"你不会是又想要耍什么鬼花招了吧?"

狐小妹笑嘻嘻地说:"哪能呢,我只是想知道,你们虽然兵力众多,可要想和警察打仗,没有足够的枪支弹药可不行哪!"

大白狼笑哈哈地说:"这个你放心,我们的火力配备是非常强大的,给每名士兵配 1 支手枪,3 名士兵配 1 支步枪,5 名士兵配 1 支冲锋枪,总共有 2300 支枪。"

小白狼好奇地问:"那,我们的各类枪支各有多少呀?"

大白狼笑着说:"这个你就问问狐小妹吧,她一定能算出来。"

　　已知 1 名士兵配 1 支手枪,3 名士兵配 1 支步枪,5 名士兵配 1 支冲锋枪,先算出一组士兵有 3×5＝15 名,这 15 名士兵拥有冲锋枪 15÷5＝3 支,拥有步枪 15÷5＝5 支,拥有手枪 15÷1＝15 支;这一组士兵共拥有各类枪支 15+5+3＝23 支;既然总数有 2300 支枪,那么可以算出有 2300÷23＝100 组,由此可知,冲锋枪有 3×100＝300 支,步枪有 5×100＝500 支,手枪有 15×100＝1500 支。

冒牌校长

78. 第一条计谋

狐小妹略微思考了一下，答道："冲锋枪有 300 支，步枪有 500 支，手枪有 1500 支，总数正好是 2300 支，而您的兵力我也算出来了，一共是 1500 名士兵。"

"啪！啪！啪！"大白狼一边鼓掌一边赞道，"真是只聪明的小狐狸！看来我请你做小军师是请对了。"

狐小妹笑嘻嘻地说："我很荣幸能成为你的小军师，俗话说，'食君之禄，分君之忧，'现在就让我来为您献上第一条计谋吧。"

大白狼闻言大喜，连忙问："哦，好好，那你快说，你为我献上的第一条计谋是什么？"

狐小妹伸出两根手指头："就两个字——投降！"

大白狼不解地问："老鼠女王已经投降了，黄鼠狼老大王也已经投降了，接下来你叫谁投降？是那个神奇警长吗？"

狐小妹笑了笑说："你真聪明，不过你说反了，我不是叫神奇警长来向你投降，而是叫你去向神奇警长投降！"

大白狼没反应过来，问："你是说，叫我去假投降？"

"不！"狐小妹突然往下一指说，"当然是真投降，你看下面，是谁来啦？"

大白狼往悬崖下面一瞧，只见黑压压的一片，全是森林警察，冲在最前面的，俨然就是那个神奇警长！

大白狼吃惊地说："啊！怎么会有这么多警察？"

大白狼不解地问狐小妹：老鼠女王已经投降了，黄鼠狼老大王也已经投降了，接下来你叫谁投降？想知道更多未知的神秘故事，请关注《九优数学故事汇》。

狐小妹扮了个鬼脸,调皮地说:"不好意思,是我叫猪小呆去报的警,你没想到吧,嘻嘻!"

兔宝贝也笑嘻嘻地说:"狐小妹,我现在知道你为什么对我眨眼睛了,原来你早有准备呀!不过,你怎么也叫起猪小呆来了?"

狐小妹笑笑说:"凭什么你们都可以叫,偏我就不行呀?"

"因为你是当大官的呀,嘻嘻!"

正在这时,神奇警长带着森林警察冲了上来,大声喊道:"大白狼,你们已经被包围了,赶快投降吧!"

大白狼使了个眼色,三只小狼立即掏出手枪,指着狐小妹、狗大宝和兔宝贝的脑袋,嚣张地叫道:"都别上来!否则,先打死他们!"

神奇警长继续喊道:"你们的反抗是没有用的,就算我们一时攻不上来,你们还是逃不了的,还是赶快缴械投降吧!"

大白狼眼珠转了转,说:"警长,虽然你包围了咱们,但咱们手里也有人质。如果现在发生冲突,对大家都没有好处,还是谈判吧。"

神奇警长想了想,问:"那你说,你想怎么谈?"

大白狼说:"具体的我还没有想好,你们来得太突然了。这样吧,你给我一点时间,先让我好好想一下,等我想好了,我们再谈行不行?"

神奇警长反问道:"那你需要考虑多少时间?"

大白狼随口胡诌道:"嗯,我至少需要 Y 分钟。这个 Y 的算法是这样的——我叫三个儿子比赛跑圈,独眼狼跑一圈只要 2 分钟,瘸腿狼跑一圈要 3 分钟,小白狼跑一圈要 4 分钟,如果他们同时到达起始点,至少需要多少分钟?"

数学小博士

　　这道题是求最小公倍数,3×4＝12(分钟),12分钟时,小白狼跑了 12÷4＝3 圈,瘸腿狼跑了 12÷3＝4 圈,独眼狼跑了 12÷2＝6 圈。

79. 包围和反包围

神奇警长点点头："嗯,我可以给你 12 分钟,不过,你最好别耍花招,否则……"

说到这里,神奇警长拍了拍腰间的手枪。

"好,我不耍花招,我知道你是个百发百中的神枪手,我不会自讨苦吃的。"

大白狼一边敷衍着,一边悄悄地问三个儿子："你们快说,那两支大军还要多久才能赶到?"

小白狼回答说："顶多再过 10 分钟吧,老鼠女王向我保证过,她的大军一定会准时到达的。"

独眼狼也回答说："黄鼠狼大军也会准时到达的,大王,您就放心吧!"

正这么说着,瘸腿狼突然往下一指："大王,快看!那两支大军不是过来了吗?"

大白狼往下一瞧,果然看见老鼠军和黄鼠狼军正浩浩荡荡地开了过来。她不禁大喜过望道："哦,谢天谢地,总算把他们盼来了!"

这时,神奇警长也看见无数的老鼠和黄鼠狼正在向这边冲来,不由得纳闷起来："哪里来的这么多老鼠和黄鼠狼,他们想干吗?"

大白狼听了,得意地说："神奇警长,你没想到吧? 这些老鼠和黄鼠狼是我的精锐部队,现在是包围的反被包围啦! 我劝你赶快命

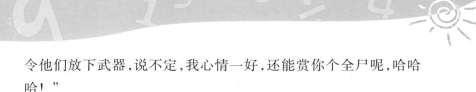

令他们放下武器,说不定,我心情一好,还能赏你个全尸呢,哈哈哈!"

神奇警长听得直发怔,他还没有反应过来,黄鼠狼大军就已经冲了上来,很快就和警察们扭打在一起。灰鼠将军和黑鼠将军一声令下,也率领着老鼠大军扑了上来,他们突破了警察的封锁,一直冲到了大白狼的跟前。

大白狼高兴得嘴都快合不拢了,她看见灰鼠将军和黑鼠将军笔挺挺地站着,连忙说:"好好,两位将军,请你们再辛苦一下,把那个该死的神奇警长给我抓过来,我要尽情地羞辱他一番,好出出胸中的恶气!"

灰鼠将军"啪"地敬了一个军礼,开口说道:"我们只听从老鼠女王和大白狼王的命令,请问,您是大白狼王吗?"

大白狼连忙点头:"没错,我就是大白狼王,我现在命令你们,赶快去把神奇警长给我抓过来!"

黑鼠将军也"啪"地敬了一个军礼,说:"既然您说自己就是大白狼王,那么,请您说出口令吧!"

"口令?"大白狼有点纳闷,连忙问小白狼,"你怎么和他们弄出个什么口令来了?"

小白狼附在大白狼耳边说:"妈妈,我怕别人冒充你,所以跟老鼠女王定了个口令,这样,别人就没法冒充你了。"

大白狼听了,拍了拍小白狼的头,夸奖说:"真不愧是我的乖儿子,那你快告诉妈妈,那个口令是什么?"

小白狼回答说:"口令是一道数学题的答案,这道数学题是这样的——老鼠女王有 3 件不同的上衣和 3 条不同的裤子,请问,她有多少种搭配方法?"

千伶百俐 狐小妹

数学小博士

可以先给每件上衣和每条裤子都编上号,然后进行搭配。第一种,1号上衣配1号裤子;第二种,1号上衣配2号裤子;第三种,1号上衣配3号裤子;第四种,2号上衣配1号裤子;第五种,2号上衣配2号裤子;第六种,2号上衣配3号裤子;第七种,3号上衣配1号裤子;第八种,3号上衣配2号裤子;第九种,3号上衣配3号裤子。答:一共有9种搭配方法。

80. 胜负早注定

大白狼听了，赶紧低着头算了起来。狐小妹偷眼看见三只小狼都放松了戒备，便向狗大宝和兔宝贝使了个眼色，突然一起动手，把他们的武器夺了下来。

三只小狼大吃一惊，刚想反抗，脑袋已经被黑洞洞的枪口顶住了。

大白狼感觉不对劲，回头一看，见自己的胸口也有两支手枪指着，而手枪的主人，正是那两位将军。大白狼连忙说："千万别误会！我真的是大白狼王，不信，我说口令给你们听……"

灰鼠将军冷笑道："我们只听女王的，她命令我们来抓你！"

"这……这……这是怎么回事啊？"大白狼完全蒙了。

狐小妹笑嘻嘻地说："还是让我来告诉你吧，这是我和花小猫精心设计好的圈套，她假装让她爸爸妈妈去抓老鼠女王，暗地里却和老鼠女王合演了一出好戏。"

大白狼不解地问："可是这样做，有什么目的呢？"

狐小妹解释说："因为你太会伪装了，如果我们不使点苦肉计，怎么能引你主动跳出来呢？"

听了狐小妹的话，大白狼懊恼地说："没想到，我堂堂的大白狼王，竟然会上两个小孩子的当！"

说到这里，他看了看正和警察打得难解难分的黄鼠狼军和老鼠军，顿时又神气起来："哼！你们别得意得太早，胜负还没分呢！"

神奇警长听了,冷笑说:"你再看看,其实胜负早就注定了!"

大白狼听了,急忙往下一看,只见交战双方都停了手,连已经"阵亡"的成员都拍拍屁股,从地上爬了起来。

大白狼简直不敢相信自己的眼睛,喃喃自语道:"难道……难道……这也是在演戏?"

"没错,这里面也有我的一份功劳,嘿嘿!"一直跟在大白狼身边的黄鼠狼站了出来,得意洋洋道,"这事还得从两天前说起,那天,我不小心中了狐小妹的机关毒弩,为了得到解药保住性命,也为了将功赎罪重新做人,我不仅偷放了花小猫,还充当了卧底的角色,随时都在向狐小妹通报你的动向。不过,连我也不曾想到,温文尔雅的绵羊校长竟然是你假扮的呀!"

说完,黄鼠狼就伸手向狐小妹要解药。狐小妹笑了笑说:"你中的根本就不是毒弩,所以不需要什么解药,嘻嘻!"

大白狼气得浑身发抖,可是只过了片刻便冷静下来,她眼珠骨碌碌地转了几圈,装作垂头丧气的样子说:"唉!狐小妹,我败在你手里,真是一点儿也不冤枉。不过,我知道自己罪大恶极,森林法庭肯定会判我死刑。你能让我在临死之前,再考你一次吗?"

狐小妹问道:"说吧,你想考我什么?"

"东边有几只老鼠,西边有几只老鼠,东边先有 2 只老鼠跑去了西边,接着,西边又有 3 只老鼠跑去了东边,现在两边的老鼠一样多,请问,原来两边至少各有几只老鼠?"

大白狼把题目一报完,便趁大家不注意,突然向狐小妹猛冲过去。

其实,狐小妹早就识破了大白狼的诡计,所以提前做好了防备。这时,见对方向自己猛冲过来,急忙一闪身,结果大白狼撞在了小白狼的身上。由于用力太猛,一时收不住,母子俩竟双双坠下了悬崖,顿时粉身碎骨……

数学小博士

　　已知东边先有 2 只老鼠跑去了西边,接着,西边又有 3 只老鼠跑去了东边,实际上东边的老鼠增加了 1 只,西边减小了 1 只,一出一进就差了 2 只;现在两边一样多,说明原来西边比东边多 2 只,由此可知,东边至少有 2 只,西边至少有 2+2＝4 只。

千伶百俐 狐小妹

参考答案

书中"我来试一试"详解请登录 www.9asx.com

❋2. 可以 1 只一数,共数 18 次;可以 2 只一数,共数 9 次;可以 3 只一数,共数 6 次;可以 6 只一数,共数 3 次;可以 9 只一数,共数 2 次

❋3. 任何数字加上 0,仍然等于原来的数;任何数字减去 0,仍然等于原来的数

❋4. 小明分得 1 元,小红分得 3 元

❋5. 14+21+6+9 = (14+6)+(21+9)=50

❋6. 10−9=1

❋7. 20

❋8. 括号内填 9

❋9. 10 名

❋10. 13 个

❋12. 鱼头和鱼尾是 2 千克鱼的分量,2 千克鱼应该可以卖 10 元,而分开后只能卖 8 元,亏了 2 元

❋14. 依次分 2、3、4、5、6 颗糖

❋15. 天上的星星,地上的草木,水中的游鱼等

❋16. 一共有 6 个格子

❋17. 33−18=(33+2)−(18+2)=35−20=15

❋18. 仍然是 4 分钟

❋19. 先一人一个苹果,剩下的那个一切两半,再一人半个苹

果,即每人分得一个半苹果

✤20. 正确答案是 11

✤21. 小明有 12 颗糖

✤24. 单数有：1、3、5、7、9、11、13、15、17、19；双数有：2、4、6、8、10、12、14、16、18、20

✤25. 顶角种一棵,底边的中间种一棵

✤26. 第一位是男同学,他没把自己数进去,第二位是女同学,她也没把自己数进去,实际这个班级里男女各有 20 名同学,全班共有 40 名同学

✤31. 7+2−4−5+11=11

✤33. 一共需要 6 次。因为每次得有 1 人把小船划回来,所以前面 5 次每次实际只过去了 4 人，只有最后 1 次才能使 5 个人同时过去

✤35. 离出发地 0 米,即还在原地

✤37. 把加号上的一竖移到 0 中间,使它变成 8,即 8−1=7

✤38. 把中间的 4 根火柴随便拿掉哪 1 根都行

✤43. 一共有 12 个,梨子有 3 个,苹果有 4 个,橘子有 5 个

✤44. 因为狗大宝的做题的速度比猪小聪慢,所以永远也追不上

✤45. 25+27=52;26+37=63;27+47=74;28+57=85;29+67=96

✤46. 一共偷了 15 个

✤49. 小红有 12 颗,小明有 6 颗

✤50. 99

✤51. 这个数是 2。2+2=2×2=4

✤53. 15 秒钟

✤55. 至少得睡 10 次

冒牌校长

❀56. 一共有 81 名同学

❀57. 10

❀58. 因为至少需要 55 个萝卜

❀59. ◎=9；□=8

❀61. 星期二

❀62. 实际每件售价是 96 元

❀63. 一共有 30 个正方形

❀64. 先把两个苹果各一切三，这样就有 6 块，每人可以分 1 块；再把三个苹果各一切二，这样也有 6 块，每人又可以分 1 块了

❀65. 5、15、25、35、45、50、51、52、53、54、55、56、57、58、59、65、75、85、95；共有 20 个 5

❀66. 1 只小猪等于 20 只老鼠的体重

❀67. 爷爷爬到了 4 楼

❀69. 7 只小鸡，17 条虫子

❀70. 把 1–1 连一块，再旋转九十度，就变成了一个工字

❀71. 原来一共有 40 个鸡蛋，第一个人买了 20 个，第二个人买了 10 个，第三个人和第四个人各买了 5 个

❀73. 小红已经取了 21 张牌

图书作者简介

俞月林：人称"农民童话大王""狐狸爸爸"。为了帮助女儿学习数学，2007年他开始自编数学童话故事，使女儿从此喜欢上了数学，成绩得到显著提高。2010年，出版处女作《神机妙算狐小妹》(全三册)，当年即被权威部门评为"向青少年推荐的优秀少儿图书"。《人民日报》《解放日报》、上海电视台等数十家媒体报道过其事迹。

绘画作者简介

张俞雯：俞月林的女儿。从小对学习数学不感兴趣，后在爸爸的童话故事里找到了学习数学的乐趣。她爱好广泛，除绘画外，对科技发明也极感兴趣，曾多次获得上海市、区青少年创作大奖，并已拥有两项专利。在第二十五届英特尔上海市青少年科技创新大赛中，她的"世博运动棋"还荣获优秀青少年科学论文和创造发明一等奖。

作者的话

我的第一套书出版时,妻子曾感慨地说:我从没想过我会成为一位作家的妻子。在这套书即将出版之际,妻子又兴奋地说:我从没想过我还会成为一位画家的妈妈。

其实在之前,我自己也不曾想到,有朝一日我会成为作家,而且很有可能在不久的将来培养出一位优秀的画家来。这一切,都要归功于"兴趣"两个字。举个很简单的例子,我们小时候流行抄歌词,抄满一两个笔记本是稀松平常的事。可老师让我们抄写,就都叫苦不迭了!同样是抄,差别咋就那么大呢?原因就在于:前者是兴趣所致,后者则是被逼迫。

当然,光有兴趣还是远远不够的,如果没有一次次的成功作为激励,又有多少人可以做到持之以恒呢? 以我女儿为例,要不是我一开始就夸奖她画得好,她不会主动提出要去培训班学习;如果她没有受到老师的称赞,进步肯定没有这么快——短短几个月就直接升入了中级班;如果她的进步没这么快,就肯定赶不上给这套书做插画了。

现在,又因为共同的兴趣和抱负,我和任欣康、苗刚中等朋友正一起研究开发九优兴趣学习平台(www.9asx.com),它是一款童话故事、动漫游戏与课堂知识相结合、与教材同步,并从兴趣、效率、反馈等方面入手,能对学生进行素质评估的智能趣味学习系列产品。以课本标准知识点和提优的思维知识点为导线,将教、学、测、练等学习内容有机融合到游戏、故事中,致力于学生学习能力、学习成绩的全面提升。

最后,我想对家长和老师们郑重提出以下建议:如果你希望孩子一辈子都生活得幸福快乐,就请尽量多地称赞他吧。讲一百遍大道理,远不如你一个由衷的赞美。兴趣都是赞出来的!